思考者！

你没逻辑

吵架专家

BRAVO!

10级杠精认证

！别杠 杠就是你对

记
号
/M/A/R/K/

真知 卓思 洞见

情報を正しく選択するための
認知バイアス事典

# 别再想歪了

日本信息文化研究所 著　鞠阿莲 译

北京科学技术出版社

Jyouhou wo Tadashiku Sentakusuru tameno Ninchi Bias Jiten
Copyright @ Shoichiro Takahashi 2021
All rights reserved.
First original Japanese edition published by FOREST Publishing Co,Ltd., Japan.
Chinese (in simplified character only) translation rights arranged with FOREST
Publishing Co,Ltd., Japan. Through CREEK & RIVER Co., Ltd. and CREEK &
RIVER SHANGHAI Co., Ltd.

著作权合同登记号 图字：01-2022-2340


图书在版编目（CIP）数据

别再想歪了 / 日本信息文化研究所著；鞠阿莲译
. — 北京：北京科学技术出版社，2022.12
ISBN 978-7-5714-2398-8

Ⅰ. ①别… Ⅱ. ①日… ②鞠… Ⅲ. ①心理学—通俗
读物 Ⅳ. ①B84-49

中国版本图书馆CIP数据核字（2022）第113066号

| | | |
|---|---|---|
| 选题策划：记　号 | 邮政编码：100035 | |
| 策划编辑：马春华 | 电　话：0086-10-66135495（总编室） | |
| 责任编辑：闻　静 | 0086-10-66113227（发行部） | |
| 特约编辑：唐乃馨 | 网　址：www.bkydw.cn | |
| 责任校对：贾　荣 | 印　刷：北京博海升彩色印刷有限公司 | |
| 封面设计：田金泓 | 开　本：880 mm × 1230 mm 1/32 | |
| 图文制作：刘永坤 | 字　数：133 千字 | |
| 责任印制：张　良 | 印　张：9 | |
| 出 版 人：曾庆宇 | 版　次：2022 年 12 月第 1 版 | |
| 出版发行：北京科学技术出版社 | 印　次：2022 年 12 月第 1 次印刷 | |
| 社　　址：北京西直门南大街 16 号 | | |
| ISBN 978-7-5714-2398-8 | | |

定　价：60.00 元

通常情况下，bias（偏差）指的是斜着剪裁下来的布条，由此引申出"升高、偏差、歪斜"的意思。

当我们"对事情的看法有失偏颇"时，就会使用我们常听到的"出现偏差"一词。

因此，"认知偏差"（cognitive bias）被广泛用来指代偏见、成见、固执己见、歪曲的数据，以及自以为是的想法、误解等。

## 品川站在品川区吗

在 2017 年 7 月的东京都区议会议员选举时，电视台的记者站在品川站西口前谈论"品川站前举行的品川区选举形势"，演播间的解说员和嘉宾也在一起讨论"品川区居民"的话题。但是，实际上，"品川站"位于"港区高轮 3 丁目"，车站前的区域并不位于"品川区"，而是位于"港区"！

此外，品川站西口前有一家"品川王子大饭店"，其地址是"港区高轮 4 丁目"；饭店北侧的"品川税务所"地址是"港区高轮 3 丁目"。

总之，那些从"品川站""品川王子大饭店""品川税务所"等名字中妄加判断，误以为这些地方在"品川区"的人，就陷入了"认知偏差"的陷阱。

这些自以为是的想法与事实相反，在逻辑上是"错误"（falsity），而非"真实"（truth）。

## 从 3 个研究领域展开论述

在逻辑学领域，这种误解被称为谬误（fallacy）。从古希腊时代开始，人们就把谬误分成多种类型，并就如何保证讨论的合理性、避开这些谬误做了论证。

尽管如此，为什么我们仍会掉进"谬误"的陷阱呢？

例如，"A 税务所"位于"A 区"，大多数情况下这是"事实"，而且这种推测本身并没有问题。

问题在于，这种被称为"归纳法"（从个别事实中发现共性并得出一般性结论的推理）的推理方法总有一些例外。

认知科学的研究对象，就是人类为何会无意识地使用"归纳法"认识事物、处理信息。

而群体之间的沟通交流及人与社会之间的相互关系，则是社会心理学的研究对象。

所以，当森林出版社的编辑找我主编本书时，我首先想到的就是从逻辑学、认知科学和社会心理学这 3 个研究领域展开论述。

本书由信息文化研究所的研究员执笔，我拜托山崎纱纪子（逻辑学）、宫代幸枝（认知科学）、菊池由希子（社会心理学）3 位在各自专业领域表现非常突出的年轻研究人员分别撰写。

被归类为"认知偏差"的术语有数百个，但其中许多术语的含义和用法比较模糊，或者在意思上有重复。我们召开了多次会议，在 3 个专业领域中各精心挑选了不可或缺的 20 个条目，汇总为 60 个条目。

本书在编写时，特别注重让读者享受阅读的乐趣，先从通俗易懂的词条开始，然后逐渐加深理解。

读者可以按照第一部分（逻辑学视角）、第二部分（认知科学视角）、第三部分（社会心理学视角）的顺序阅读，相信读完后您会对"认知偏差"有比较全面的了解。

当然，您不一定非要按顺序来读，也可以快速翻阅后从自己喜欢的条目开始阅读。


## 如何选择正确的信息

本书的适合读者包括大学新生。如果在大学的"逻辑思维""认知科学入门""社会心理学概论"等课程中把本书作为教材或辅导教材使用，可设计 30 次课程，其中上学期 15 次，下学期 15 次。每次课程学习 2 个条目，便可学完全部 60 个条目。

事实上，不仅是大学生读者，为了让所有读者都能够轻松阅读，本书在许多方面下足了功夫。

比如，在表达方面，要保证读者看到"条目"后就能想起内容。"关联"条目只选择密切相关的内容，以免过于宽泛。"参考文献"除列出引用的文献，还为感兴趣的读者列出了推荐书目。

希望本书不仅可以帮助您理解"认知偏差"，还可以丰富您的生活。

最后，希望读者思考以下 3 个问题：

- 您是否在海量的信息中迷失了自我？
- 您是否曾被谣言和假新闻欺骗？
- 您是否能有逻辑的、科学的思考？

相信读完本书后，您能够对这 3 个问题做出肯定的回答！

日本国学院大学教授、信息文化研究所所长

高桥昌一郎

2021 年 2 月 23 日

# 目　录
CONTENTS

# PART Ⅱ 认知科学视角的认知偏差

# PART Ⅲ 社会心理学视角的认知偏差

# PART I
## 逻辑学视角的
## 认知偏差

大家可能都有过这种经历：虽然心里觉得不对劲，但却找不到反驳的材料，最终被对方驳倒。

或者，虽然大家使用的是同一种语言，却意外发现想表达的意思没有传达给对方。

第一部分将以会话和讨论为中心，来探索这种让人心里不痛快的违和感的真实本质。

# 01

当被要求做出"非黑即白"的选择时，要敢于把灰色区域作为一种选择。

## Fallacy of False Choice

# 二分法谬误

| 含义 | 实际上有很多选项，却误以为只有有限选项而导致的谬误。 |
|---|---|
| 关联 | 滑坡论证（→第 18 页）、乐观预测（→第 46 页） |

## 选项真的只有 2 个吗

"最近你身边没有好事发生，是因为你的运气停滞了。只要买了这个瓷罐，把它摆在房间里，就不会遭遇不幸。如果不买的话，你将会遭遇不幸。"

在正常情况下，如果有人跟你说这种话，估计大部分人都不会买。但是，在你焦头烂额急需帮助的时候，如果对方巧舌如簧，不停劝导你说买了这个瓷罐"就能治好孩子的病"或者"让你陷入不幸的恶灵就会消失"，那结果会如何呢？

即便是在精神备受摧残的时候，也希望你能记住，除了"买"和"不买"这 2 个选项外，还要想到其他选项。

因为选项并不只有 2 个，而是还有隐藏的选项。但是，二分法谬误就隐藏在论证技巧中，它迫使人做出非黑即白的明确选择。

特别是在缩小选项范围，把对方逼到极限状态，以便得出对自己有利的选项时，此种推理方法就会被使用。

## 在极端情况下也不能选错选项

对于前面的例子，你是怎么想的？下面来具体看一下。

瓷罐例子中提供了 2 个选项。第一个组合是"买了瓷罐你就不会遭遇不幸（即你会幸福）"，第二个组合是"不买瓷罐你就会遭遇不幸"。

这些组合如表 1 所示。面对这 2 种极端的选择，人们会误认为选项是有限的。

那么，在面对这种情形时，为什么人们会做出错误的选择呢？如前所述，二分法谬误多用于将对方逼到极限状态时，利用对方的弱点，让其无法做出正常的判断（这种利用对方恐惧心理的手法被称为**诉诸恐惧法**）。

因此，要做到在极端状态时不被二分法谬误所迷惑，大家学习一下下面的思维方法。

**表 1 让人误以为是二选一的选项**

|  | 瓷罐 | 遭遇不幸 |
| --- | --- | --- |
| 选项 1 | ○（买） | ×（不会遭遇不幸） |
| 选项 2 | ×（不买） | ○（遭遇不幸） |

## 隐藏的 2 个选项

请你再考虑一下刚才的例子中给出的选项数量。

① 买了瓷罐你就不会遭遇不幸（即你会幸福）。
② 不买瓷罐你就会遭遇不幸。

那么，真的只有这 2 种组合方式吗？其实，这里面还有 2 个选项没有被提及，一个是"买了瓷罐也会遭遇不幸"，另一个是"不买瓷罐也不会遭遇不幸"（表 2）。

请务必记住这一点，那些对你说"必须做出非黑即白的选择！""所有挑战的人都进步了！"并要求你做出选择的人，无论是有意识的还是无意识的，都是只给出了符合自己利益的选项而无视了其他选项，并试图引导你做出回答。

表 2　隐藏的 2 个选项

| | 瓷罐 | 遭遇不幸 |
|---|---|---|
| 选项 3 | ○（买） | ○（遭遇不幸） |
| 选项 1 | ○（买） | ×（不会遭遇不幸） |
| 选项 2 | ×（不买） | ○（遭遇不幸） |
| 选项 4 | ×（不买） | ×（不会遭遇不幸） |

## 选项数量计算公式

当你想知道总共有多少个选项时，可以使用计算公式"$2^n$"来验证一下，这样就可以涵盖自己能够选择的选项并做出抉择。（图 1）

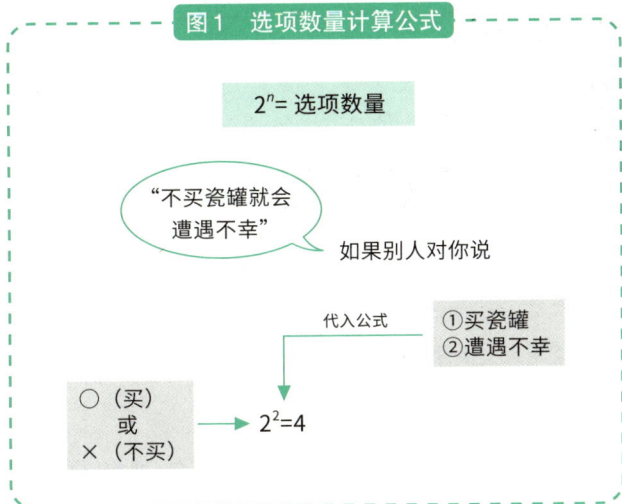

图1 选项数量计算公式

$2^n$= 选项数量

"不买瓷罐就会遭遇不幸"

如果别人对你说

代入公式

①买瓷罐
②遭遇不幸

○（买）
或
×（不买）

$2^2=4$

公式中的"$n$"表示可以组合的项目数，"2"表示对每个组合做出"采用""不采用"2种选择的可能性。使用这个公式，就可以计算出自己所处的情形下可选的选项数量。

例如，"当一名律师"和"没有钱花"可以组合出4个选项。这样一来，你就能知道都有哪些选项了。

当然，最终选择哪个选项完全由个人决定，但是，在知道所有选项的情况下做出选择，与在紧迫的情况下从有限的选项中做出选择，即便结果一样，意义却完全不同。

为了避免对自己的选择感到后悔，可以通过上述方式评估自己的情况，以防做出错误的决定。

一粒一粒地从沙堆拿走沙子，最后只剩下一粒沙子，还能叫它"堆"吗？

Sorites Paradox

# 连锁悖论

| 含义 | 使用定义模糊的词语而引起的谬误。 |

| 关联 | 歧义谬误（→第10页）、蒙面人谬误（→第50页） |

## "新"这个字其实很难用

　　商业场合中经常出现这种情形，"让我们定一个新企划吧"，在这一号召下开始开会，但却总也定不下来。

　　其中的原因或许有很多，但很可能与使用的"新"字的范围比较模糊有很大关系。

　　"新"这个字其实很难用，为了理解这一点，可以参考沙堆悖论这一概念。

　　沙堆悖论是连锁悖论中的一个知名悖论。据说这个悖论最初是由米利都出身的麦加拉学派哲学家欧布里德（约公元前 4 世纪）提出的（他还提出了第 50 页的蒙面人谬误）（Hyde and Diana,

2018）。与沙堆悖论类似的还有秃头悖论、驴子悖论等。

## "沙堆"的定义

请大家想象一下从沙堆中取出一粒沙子的情形。

此时我们可以说"从沙堆中取出一粒沙子后，沙堆仍是沙堆"。因此，基于此论证，如果不断从沙堆中取出一粒沙子，那剩余的沙堆仍将是沙堆。但是，如果一直重复这一操作，最终就会只剩下一粒沙子。

那么，剩下的这粒沙子还能像之前那样叫沙堆吗？

估计大多数人都不会把一粒沙子称为沙堆吧。然而，从我们刚刚看到的连续论证中得出的结论是：这粒沙子也是一座沙堆。

因此，将明显正确的论据应用于定义模糊的词语中就会产生悖论。（图1）

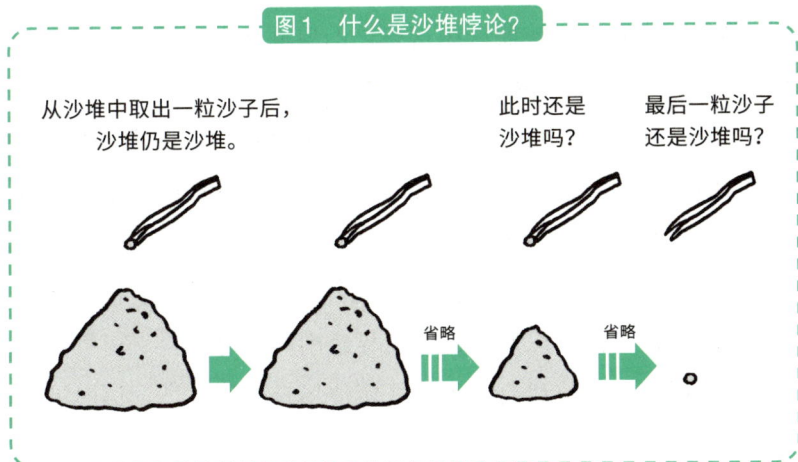

图1　什么是沙堆悖论？

从沙堆中取出一粒沙子后，沙堆仍是沙堆。　　　此时还是沙堆吗？　　最后一粒沙子还是沙堆吗？

省略　　　省略

前文提到的另外两个类似的悖论也是如此。下面我们接着探讨。

第一个是秃头悖论。一个没有头发的人，即所谓的秃头，即使头上长了一根头发，也仍然是秃头，这是很自然的想法。但如果他的头发继续生长会怎样呢？因为"秃头长了一根头发还是秃头"，所以不管长多少根头发，也还是秃头。

接下来，让我们来看看驴子悖论。向驴子驮着的一捆稻草中添加一根新稻草，并不会压断驴子的脊柱。然后，不断重复此操作以添加更多稻草。最后得出的结论是：即使一直给驴子加稻草，驴子的脊柱也不会被压断。事实上，驴子的脊柱总有一天会被压断，这是不难想象的。

## 模棱两可的词语和边界

可以说，造成这个悖论的原因是对"沙堆"（或"秃头"或"稻草捆"）的定义含糊不清。

那么，我们怎样才能摆脱这些词的模糊性呢？下面让我们一起看看这个悖论的一个解决方案。

首先，词语模糊性问题主要是由于无法确定"沙堆"和"非沙堆"的边界。因为没有人会反对将一堆数以万计的沙粒称为沙堆，同样，也没有人会认为一粒沙子能被称为沙堆。

由此可见，在使用含义模糊的词语时，了解其边界情况非常重要。因此，我们可以确定，在边界范围内，对于含义模糊的词语，每次都需要具体讨论。不过在其他场合使用这类词语时就不会产生悖论。

## 注意这些含糊不清的词语

　　类似的含糊不清的词语还有"旧的""年轻人"（图2）等。

　　在使用这类词语时，应确保你知道所用词语的边界范围，并与你周围的人保持一致，这有助于避免不必要的冲突。

　　在本节开头的第一个例子中，如果事先界定好"新"字的范围，会议可能会更顺利地推进。

---

**图2　对你来说，"最近的年轻人"指的是哪些人？**

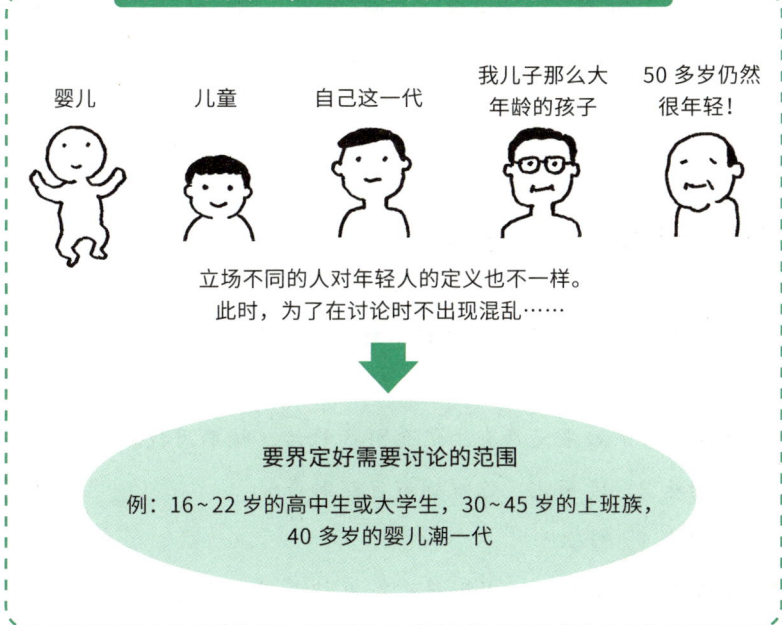

婴儿　　　儿童　　　自己这一代　　我儿子那么大　　50多岁仍然
　　　　　　　　　　　　　　　　　年龄的孩子　　很年轻！

立场不同的人对年轻人的定义也不一样。
此时，为了在讨论时不出现混乱……

**要界定好需要讨论的范围**

例：16~22岁的高中生或大学生，30~45岁的上班族，
40多岁的婴儿潮一代

---

# 03

"财产"既指钱，也指亲情等无形的价值。理解错了，就会得出奇怪的结论。

Equivocation
# 歧义谬误

| 含义 | 在不同前提下，相同的词语被用在有关联但意义不同的地方而产生的谬误。 |

| 关联 | 连锁悖论（→第 6 页）、蒙面人谬误（→第 50 页）、四项谬误（→第 66 页） |

## 有好朋友就不用工作吗

我们看一下两位男学生在某个食堂中的对话。

**男学生 1：** 如果父母有上亿元财产的话，就不用找工作了。

**男学生 2：** 没事儿，你就拥有巨额财产呢。

**男学生 1：** 什么？

**男学生 2：** 好朋友就是财产吧？也就是说，我就是你的财产。

**男学生 1：** 啊，这样啊……

**男学生 2：** 所以你就别找工作了。

**男学生 1：** 你傻啊！

虽然男学生 1 吐槽说"你傻啊",但其实男学生 2 的推理形式并没有问题。在这段对话中,推理的前提都是对的,但真命题套用正确的推理,却得到了明显错误的结论。我们把这段对话总结为简单的三段论推理看一下。

前提 1:有财产就不用找工作。

前提 2:好朋友就是财产。

结论:所以,有好朋友就不用找工作。

前提 1 和前提 2 都没有错,所以,原本由此可以推断出正确的结论。也就是说,"推理形式并没有错"。

那为什么会出现错误的结论呢?这是因为在论证的前提中使用的词语具有多种含义。这种情况下产生的谬误叫作歧义谬误。在这个例子里,"财产"一词具有多种含义。第一个含义是字面意思"金钱",第二个含义是"有珍贵价值的东西"(第二个含义是比喻用法,但也是非常重要的用法)。因此,前提中使用了同一个词的不同含义,于是推导出了奇怪的结论。

在英语中,"end"这个词具有"目的""结束"等不同的含义,也因此常被用作歧义谬误的例子。

## "哪天"能得到果酱呢

作为研究歧义谬误的素材,我们看一下《爱丽丝镜中奇遇记》的一个片段。

在《爱丽丝梦游仙境》的续篇《爱丽丝镜中奇遇记》中，爱丽丝穿过镜子漫游到另一个世界，展开了各种冒险。半路上爱丽丝遇到了白皇后，白皇后提出一个条件，即每周给爱丽丝 2 便士、每隔一天给一些果酱作为工资，让爱丽丝当自己的仆人。但是，白皇后根本没有给爱丽丝果酱的意思。

"每隔一天才有果酱，今天是今天，不是隔天呢。" 按照这个说辞，爱丽丝永远也得不到果酱。

当然，白皇后的说辞纯属强词夺理，我们根据原文来分析一下这个复杂的谜团。（Lewis Carroll, "Through the Looking Glass," *The Complete Illustrated Works of Lewis Carroll,* Chancellor Press, 1982.）

"每隔一天才有果酱，今天是今天，不是隔天呢。"

"It's jam every other day; to-day isn't any other day, you know."

这句话中 "other day" 的用法非常巧妙。"other day" 出现在两个地方，第一个出现的地方是 "every other day"，表示 "每隔一天" 的意思。以今天（T2）为基准，昨天（T1）和明天（T3）可以得到果酱。

第二个出现的地方，因为从 T2 看明天（T3）已变成了黎明之后新的一天，所以今天（T3）就是 "隔天"，也就是 T3 的昨天（T2）和明天（T4）（图 1）。

在这里，两个 "other day" 指的是不同的日子，具有多重含义（但这个例子的原文是英语，可能需要更详细的讨论）。

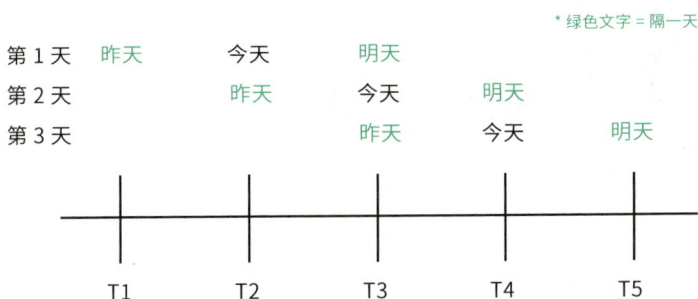

图1 从每个"今天"看到的2便士和得到果酱的"隔一天"

\* 绿色文字＝隔一天

| | | | |
|---|---|---|---|
| 第 1 天 | 昨天 | 今天 | 明天 |
| 第 2 天 | | 昨天 | 今天 | 明天 |
| 第 3 天 | | | 昨天 | 今天 | 明天 |

T1　　　T2　　　T3　　　T4　　　T5

以"今天"为基准，"隔天"永远不会来到。

## 同一个词语也有多种用法和含义

像这种具有多种含义的词语还有很多，因此在日常生活中经常出现歧义谬误。

比如"关门""疯了"等。"关门"可以表示"停业"和"打烊"；"疯了"也有"精神失常"和"情绪激动"两种含义。

在谈话中，如果你觉得对方不能理解你的意思，或者你完全不知道对方在说什么，此时应该审视一下自己或对方是否陷入了歧义谬误。

# 04

因为想跟优秀的人交往，下一个交往的人就一定是优秀的人吗？

## Circular Argument

# 循环论证

| 含义 | 把要证明的结论作为前提的论证。 |
|---|---|

| 关联 | 滑坡论证（→第 18 页） |
|---|---|

## 你刚才已经说过一次

"你完全可以相信 A 说的话，因为他是个好人。他是个好人，所以值得信任。"

如果听到好朋友这么说，很多人都会稍微放松对 A 的警惕吧。

可是，你是不是也会觉得有些不对劲？让我们把这句话的结构拆开分析一下。

"因为 X，所以 Y。"

"因为 Y，所以 X。"

第一个说法中，Y 是被 X 证明的（这里的 X 代表 "A 是好人"，Y 代表 "可以相信 A 说的话"）。看到这里好像没有什么问题。但是，后面接着说"所以 A 值得信任"，情况就不一样了。

这个例子中，为了证明 X（X 最初用于证明 Y）而使用了 Y，所以结构上就出现了循环。这种循环的论证方式就叫作循环论证。

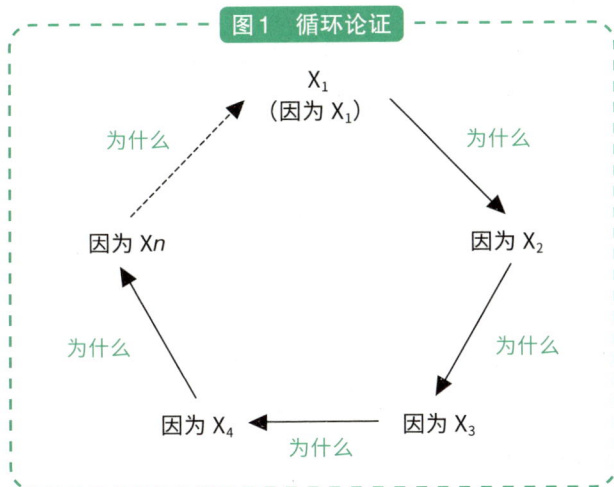

图 1　循环论证

当作为结论和前提的项目数量增加时，也会出现这种循环。在项目数量增加的情况下，如图 1 所示，因为 $X_1$ 被用来证明最后的 $Xn$，所以这个论证仍然是循环的。

随着项目数量的增加，循环的结构变得更加复杂，更加难以发现。这样一来，原本想用循环论证来证明的项目反而陷入循环，最终还是没有得到证明。

## 稍微变复杂一些能减轻违和感

在本节开头的例子中，可能比较容易看出这个论证是循环的，因为循环的句子是连续说的。人们很快就能发现不太对劲。下面的例子只是稍微复杂一些，但应该没有刚才例子中那么明显的违和感。

> 可以相信 A 说的话，因为他是个好人。之前他也帮助了许多人，因为他是个好人。之所以说他是好人，是因为他说的话值得信任。

虽然说的内容都一样，但你有没有觉得更有说服力了呢?（图2）

在日常会话中，如果对方没有恶意，多少有点循环论证也不必在意。但在传销等宣传活动中，如果被这种说辞所迷惑，你可能会陷入进退两难的境地。

想象一下朋友介绍异性给你认识时的情形，也许更能感同身受。"我一定要结识一位非常优秀的异性并与之交往！"通常这种心情越强烈，就会越信任对方。结果只会更加失望。

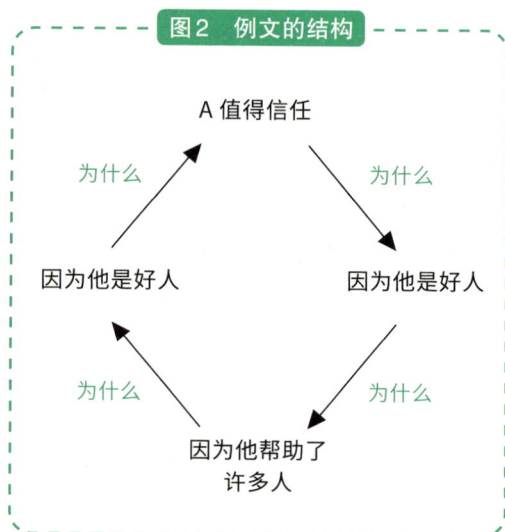

图2 例文的结构

A 值得信任

为什么　　　　　为什么

因为他是好人　　　　　因为他是好人

为什么　　　　　为什么

因为他帮助了
许多人

## 结论仅有一个

在循环论证中，最终什么也没有被证明，只有空洞的讨论永远持续下去。

为了避免这种情况，需要认真观察最终推导出的结论（在第一个例子中就是"可以相信 A 说的话"）有没有在同一论证中被用来证明别的主张（在第一个例子中，结论被用来证明"A 是个好人"）。如果论证中包含这种形式，可能已经陷入了循环论证中。

如果你注意到了这一点，就能很容易规避循环论证，也能轻松识破对方的循环论证。

## 词语的定义也有循环

下面，我们来看一下与循环论证相关的词语定义的循环。

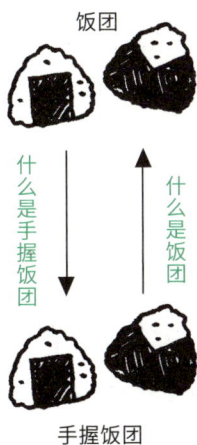

比如，在最有名的日文词典《广辞苑》中查询"饭团"这个词，你会发现上面写着"手握饭团、饭团"。而查一下"手握饭团"，写的是"手捏的饭团、饭团子、饭团"。从中可以看出词语的定义在循环吧。

如上所述，在词语层面有时也会出现循环。这可以看作是词语的不稳定性。但是，即便是这样一种不完美的语言体系，我们仍可以用来沟通交流，这可以说是语言不可思议的魅力所在吧。

饭团

什么是手握饭团

什么是饭团

手握饭团

# 05

在滚下滑坡之前，要看清楚这个故事有没有因果关系。

Slippery Slope

# 滑坡论证

**含义** 最初的一小步必然引起后续一系列会导致不好结果的事件，因此坚持主张不要采取最初的一小步。

**关联** 二分法谬误（→第2页）、循环论证（→第14页）、乐观预测（→第46页）

## 当不了律师就不能幸福吗

假设你有一个儿子正在读法律系。儿子从小就说自己的梦想是当一名律师。可是，现在他却不喜欢学习，于是妻子跟儿子有了下面的对话。

妻子：过不了司法考试，你就当不了律师哟。

儿子：我知道。

妻子：当不了律师就会没钱花。没钱花就过不上好日子。过不上好日子就不会幸福。所以，一定要通过司法考试！

听了这段对话，你会觉得"确实是这么回事儿"。可是，真的是这样吗？这种论证法就是知名的滑坡论证。使用这种论证法的人会从正确的观点出发推导出一个不好的结论，从而告诉对方最初的选择不对。

因此，有人认为这种论证法与乐观预测中的诉诸感情法具有关联性。（Tracy and Gary, 2015）

## 滑坡论证中潜藏的传递性

这个论证使用了条件句（如果 A，那么 B）的传递性（若"如果 A，那么 B"和"如果 B，那么 C"成立，那么"如果 A，那么 C"也成立。此时，就可以说"如果……"具有传递性）。看下面这个例子可能更容易理解这个结构。

> 刮风就会有沙尘，从而导致盲人增加。盲人弹的三味弦需要用猫皮制作，所以猫会减少。猫减少了，老鼠就会增加。老鼠增加了，就会咬坏更多的木桶。所以，刮风会让木桶店的生意更好。

这里以"刮风就会有沙尘，从而导致盲人增加"开始，最终得出的结论是"刮风会让木桶店的生意更好"（滑坡论证在哪里使用传递性请参考第 20 页图 1）。

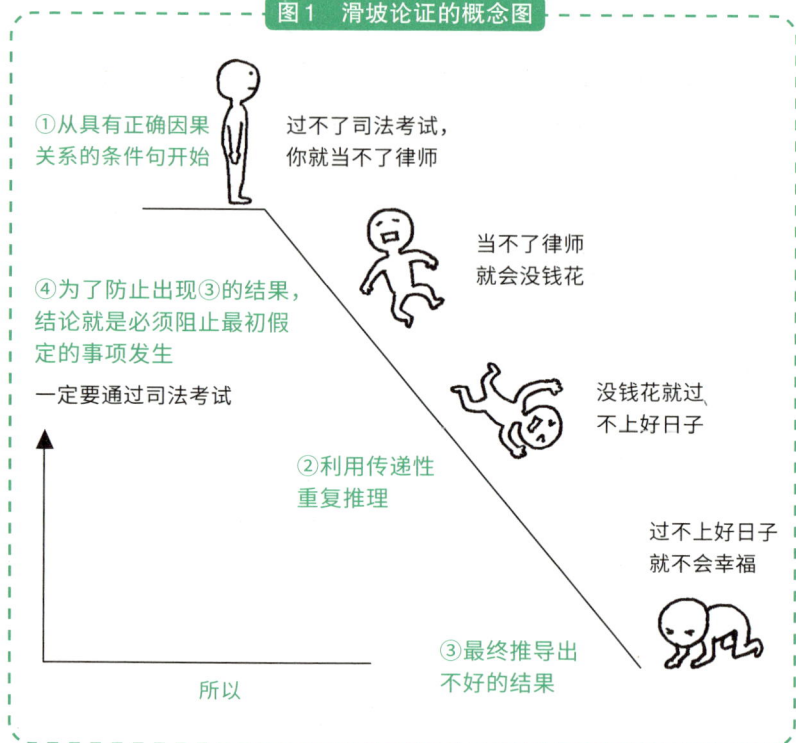

图 1　滑坡论证的概念图

①从具有正确因果关系的条件句开始

过不了司法考试，你就当不了律师

当不了律师就会没钱花

④为了防止出现③的结果，结论就是必须阻止最初假定的事项发生

一定要通过司法考试

没钱花就过不上好日子

②利用传递性重复推理

过不上好日子就不会幸福

③最终推导出不好的结果

所以

## 基于模糊因果关系的论点

　　滑坡论证使用了前面讲到的条件句的传递性，但在这里要注意的是，使用的条件句是否真的是在正确的因果关系基础上陈述的。

　　第一句"过不了司法考试，你就当不了律师"，表达了一个明确的因果关系，因为除非你通过司法考试，否则你就当不了律师。然而，对于随后的主张，"当不了律师就会没钱花""没钱花就过不上好日子""过不上好日子就不会幸福"，却不能说其中有明确的因果关系。我们很自然地认为，这些主张都是基于模糊的因果关系。例如，"当不了律师就会没钱花"被认为含有"当了律师，就不会缺钱"的意思，但即使我们把这个条件句中的"当了律师"改为"当了医生"，这个句子仍然成立。当然，改成"当了公务员"等也同样适用。

这表明，"当不了律师就会没钱花"的说法没有任何明确的证据，因为"当律师"并不是唯一一个会保证"不缺钱"的条件。

然而，当人们被逻辑结构所误导，没有仔细研究其中使用的条件语句的因果关系时，便可能会折服于从错误的论证中得出的结论。

## 寻找证据和例外情况

当你的对手试图使用滑坡论证驳斥你时，你该如何反驳呢？最简单的做法就是要求他们出示证据。例如，在上面的例子中，可以要求对方出示证明"当不了律师就会没钱花"的证据。

当然，如果你的儿子或你这样反驳，很可能会和妻子争吵起来，有人可能会觉得这种做法解决不了问题。那么，如何才能避免争吵呢？

不要提及妻子的逻辑行不通的事儿，而是要问儿子是否真的想当律师。如果他没有放弃成为律师的梦想，你应该尽全力去帮助他。而如果儿子说不想再当律师了，那就问清楚理由并和他谈谈他的新目标。

你之所以能够知道儿子的真实想法，是因为你已看破妻子的逻辑行不通。你能在理解儿子感受的同时，做到不与妻子争吵吗？

# 06

在日本，所有年轻人都是"躺平"一代吗？

## Hasty Generalization
# 轻率概括

| 含义 | 在没有足够的数据之前就做出概括。 |
|---|---|

| 关联 | 采樱桃谬误（→第 26 页） |
|---|---|

## 宽松一代真的做不好工作吗

在媒体上，每代人经常被分类并被贴上标签，比如婴儿潮一代、泡沫经济一代、失落的一代、宽松一代和佛系一代，等等。尤其是接受所谓宽松教育的"宽松一代"，经常被上一辈人评价为"没有毅力""总是请假""工作不努力"等，应该有很多人会觉得很不服气吧。

诚然，有些人确实如别人评价的那样。然而，每代人中都有工作不认真的。

现在，许多宽松一代都处于 30 岁左右的黄金工作年龄。在你周围，应该也能找到几个这个年龄段中特别优秀的人吧。

图1　轻率概括的典型例子

事实1：乌鸦会飞
事实2：麻雀会飞
事实3：海鸥会飞
事实4：丹顶鹤会飞

↓

结论（轻率概括）：
　　鸟都会飞

例外情况

　　所谓轻率概括，就是根据少数个别案例和个别印象，认为该属性也适用于更广泛的一般事物，比如针对宽松一代的抨击。（图1）

　　在轻率概括的过程中使用了归纳法，即从个体具有某种属性推导出整体都具有这种属性的结论。

## 从个体的特征推导出整体的特征

　　让我们再看另外一个例子。

　　假设一个人是A型血，而且这个人很认真。此外，另一个A型血的人也非常认真。如果再有一个A型血的人也非常认真，那我们往往会从这些信息中得出结论：所有A型血的人都很认真。事实上，此时采用的就是归纳法。

　　但是，有人可能会觉得这个结论不太合理。因为A型血的人中也有做事不认真的。

这是对前面关于 A 型血的人轻率概括的一个反例。因此，前面使用的归纳法是错误的。

## 如何避免轻率概括

为了避免轻率概括，如前所述，很重要的一点就是要时刻注意反例。

还有一点也非常重要，就是在概括时不要过度扩大范围。当我们说"所有男人都……"或"所有女人都……"这样的话时，由于概括的对象范围太广，人们很容易就能找到反例，所以极易犯轻率概括的错误。

因此，当主体范围很广时，比如说"日本人""男人""女人""年轻人""老人"等时，我们应该意识到总是会有相反的情况。

对于宽松一代的抨击或许可以当作一个笑话来看，但如果对男性或女性做定性概括，从性别或女权主义的角度来看，这很可能会被视为一个重大问题。

如果对"日本""韩国"等国籍，或"白人""黑人"等种族加以轻率概括，就很容易被视为歧视和仇恨，这一点不难想象。

如今这个时代，任何人都可以在社交网站上发表自己的意见。切记，当一个人使用指代范围比较广的主语时，通常会伴随着风险。

每当你想说"所有的……都……"时，你需要冷静下来，想一想这句话是否有反例。

## 归纳法何时有用

我们刚才讲到的归纳法在某些情况下是非常有用的，比如市场营销等。

例如，假设要做一项调查，了解 20 多岁的男性和女性主要在哪里喝酒。比方说，65% 的人主要在家里喝酒，15% 的人偶尔在家里喝酒，20% 的人从不在家里喝酒。（图2）

当然，我们不能由此得出结论说"所有 20 多岁的男性和女性都主要在家里喝酒"。然而，我们至少可以得出这样的结论："许多 20 多岁的男性和女性主要在家里饮酒"，这对产品开发来说是非常有用的信息。

灵活使用归纳法（最好是展示具体的数字），我们可以论证一个群体中的大多数人符合某些条件。此时，归纳法可以在演讲等场合成为成功说服他人的工具。

图2　使用归纳法加以概括

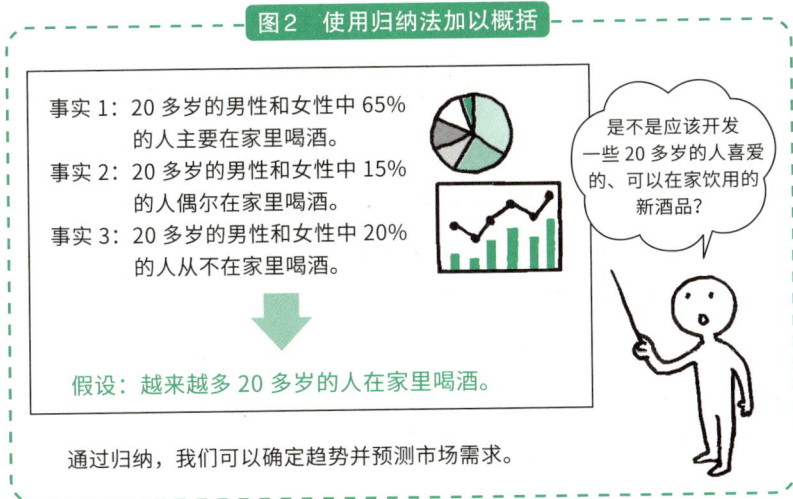

事实1: 20 多岁的男性和女性中 65% 的人主要在家里喝酒。
事实2: 20 多岁的男性和女性中 15% 的人偶尔在家里喝酒。
事实3: 20 多岁的男性和女性中 20% 的人从不在家里喝酒。

是不是应该开发一些 20 多岁的人喜爱的、可以在家饮用的新酒品？

假设: 越来越多 20 多岁的人在家里喝酒。

通过归纳，我们可以确定趋势并预测市场需求。

# 逻辑学视角 07

人们往往只看自己想看的东西，也只给别人看想给别人看的东西。

## Cherry Picking
# 采樱桃谬误

| 含义 | 只关注对自己有利的特定证据，而无视其他对自己不利的证据。 |
|---|---|

| 关联 | 轻率概括（→第 22 页）、稻草人谬误（→第 42 页）、乐观预测（→第 46 页） |
|---|---|

## 只把自己想看的东西拿给别人看的人，只看自己想看的东西的人

寿险公司、旅行社、投资信托公司、房屋建筑商等公司的促销宣传册，或者介绍某些产品的网站页面，都有一个共同点，那就是基本上展示的都是"好的信息"。

有些人看到后梦想膨胀购买了相关产品，这些人里有的心满意足，有的应该会大失所望吧。

企业通常不会完全诚实地加入并展示"客户的反馈"，如"导游服务不周到让我很不愉快""我投资后却失去了养老的资产""房子不是我期望的那样"，等等。

这些销售工具是为了激励潜在客户购买，会有意识地收集"好的信息"。

当然，这种情况也可能发生在个人层面。有时人们会只展示对自己有利的证据，而忽略对自己不利的证据，这种论证方式叫作采樱桃谬误。

例如，比较常见的情况是，在婚前热恋时，看到的全是伴侣的优点，但在一起生活后，看到的却全是伴侣的缺点，甚至想离婚，这也是陷入采樱桃谬误（从另一个层面来说，只看缺点也是采樱桃谬误）的结果。

## 不想看到对自己不利的东西

容易陷入采樱桃谬误的人会试图通过只提供对自己有利的证据来说服对方。（图1）

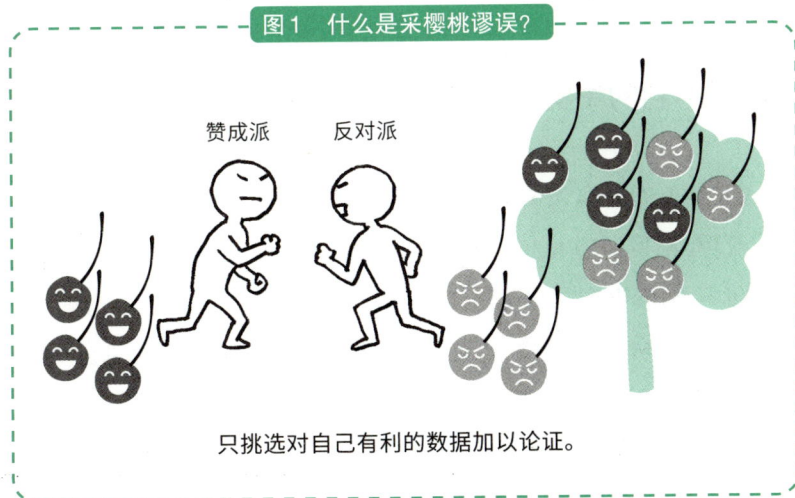

图1　什么是采樱桃谬误？

赞成派　反对派

只挑选对自己有利的数据加以论证。

但实际上，除了自己提供的"对自己有利"的证据，还存在着不利于自己主张的证据。

但是，如果提供了对自己不利的证据，自己的主张就可能被推翻。所以才隐藏了不利证据，继续展开讨论。

看了这个解释，你可能会认为不应该使用采樱桃谬误。的确，但如果你是无意识地陷入采樱桃谬误，那可能就是个问题。

不过，根据情况和立场的不同，例如本节开头提到的促销宣传册，其目的不是让对方处于不利地位。在这种情况下，敢于有意识地使用采樱桃谬误，也无可厚非。

例如，让我们假设一个宣讲的情形。如果你对自己和公司的计划非常有信心，那么，刻意使用采樱桃谬误，给对方提供好的信息，会更有可能拿下合约。

当然，光说好处也会让人心生怀疑，所以你也要提及不足之处，同时强调好处大于不足之处，这样对方会更加信任你。

这种有意识的采樱桃谬误可以提高别人对你的认可度。

## 质疑不利的事实才能更加让人信服

但是，如果有人试图以这种方式说服你，你该如何反驳？

当你觉得对方说得天花乱坠不太真实时，你应该怀疑还有一个对你不利的事实，只是对方没有告诉你。

在签订房屋或保险合同时，最初隐藏的事实后来可能会暴露出来，从而造成损失。

但是，如果在签订合同前就已经出现了明显对你不利的问题，如果你能与对方协调好解决方法，你可能会找到一个可以接受的妥协方案。

## 如何对待采樱桃谬误

"天上不会掉馅饼"。通常来说，每件事情都和硬币一样具有正反两面。

抛开无意识地陷入采樱桃谬误的情况，如果故意忽略对自己不利的信息，早晚会马失前蹄。

因此，为了保护自己，要敢于正视不利的信息并考虑对策，最终，这也有助于消除对方的疑虑。（图2）

在此基础上使用采樱桃谬误，你将获得更多的好处。

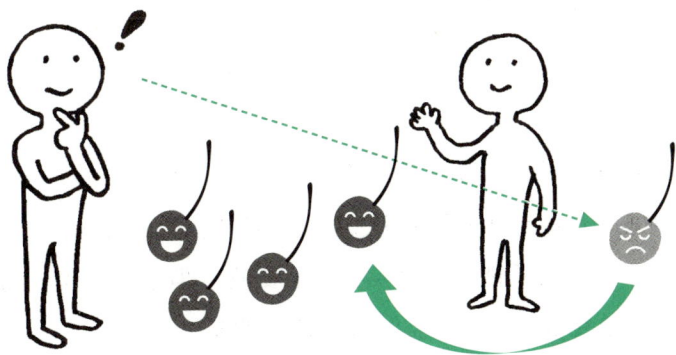

图2　敢于正视不利信息

即使是不好的信息，你也要准备一个令人信服的解释，
这样就能改变别人对你的印象。

# 08

## Gambler's Fallacy
# 赌徒谬误

| 含义 | 比如红黑轮盘游戏中，假设连续几次都是红色中，就认为下一次必然黑色会中。其实红色中和黑色中都是随机事件，两者没有关系。 |
|---|---|

| 关联 | 合取谬误（→第 54 页） |
|---|---|

## 为什么戒不掉赌博

在日本，许多沉迷于柏青哥[①]和老虎机的人都有一个共同的思维过程。

即使多次错过了中奖的机会，这些人仍然会继续投入数千或数万日元，觉得自己都玩了这么多次，很快就能中大奖了。

当然，谁也不能保证大奖一定会出现。但这些人投入的钱越多，脑袋就越发热，越无法做出冷静的判断。

包括玩柏青哥的人在内，沉迷于赌博的人容易陷入的误区叫

---

[①] 流行于日本的一种赌博游戏机器，在中国国内是明文禁止的。——编注

作**赌徒谬误**。赌徒谬误的经典例子是 1913 年发生在摩纳哥蒙特卡洛大赌场的一个事件。

当时，在红黑轮盘游戏中，小球已经连续 26 次进入黑色这边，于是赌徒们认为"下次一定会"进入红色这边，结果输了一大笔钱。

## 连续 5 次出现黑色的概率是多少

一般来说，如果连续出现相同的结果，我们倾向于认为下一次结果可能有所不同。为什么会这样想呢？

转动轮盘时，出现红色的概率和出现黑色的概率各为 50%。假设到目前为止黑色已连续出现 4 次，那么之后可以使用图 1 所示

### 图 1 赌徒谬误和正确的思考方法

| 第 1 次 | 第 2 次 | 第 3 次 | 第 4 次 | 第 5 次 |
|---------|---------|---------|---------|---------|
| 黑 | 黑 | 黑 | 黑 | ？ |

50% ✕ 50% ✕ 50% ✕ 50% ✕ 50%

**✕**

连续 5 次出现黑色的可能性为 3.125%，
而出现红色的可能性超过 96%。

**好，就押红色！**

⬇

第 5 次时红色出现的可能性为 50%。

**〇**

上述计算只是显示了"连续 5 次"出现黑色的概率，
并不是"下次黑色出现的概率"。

的公式计算黑色将连续出现 5 次的概率。

换句话说，连续 5 次出现黑色的概率只有3.125%。这意味着，下一次连续出现黑色的概率非常低，所以赌徒们就想"下次押红色！"。

这样想的话，人们确实会觉得黑色再次出现的概率很低，所以他们认为下次出现红色也不无道理。

由此可见，对于某些短期的事件，我们也要求其跟长期的事件一样（从长远来看，红黑轮盘游戏中红色和黑色出现的概率都是 50%），红色和黑色出现的概率都是 50%，这被称为小数定律（Tversky and Kahneman, 1971）。

这种期望可能是促使人们沉迷于赌博的重要因素之一。

## 注重每次的概率，而不是连续的概率

在上述红黑轮盘游戏的例子中，赌徒应该注意到的是"每次"出现红色和黑色的概率。冷静思考一下就很容易看出，每次玩轮盘时出现红色和黑色的概率总是 50%。无论转多少次轮盘也不会改变。

的确，黑色连续出现 5 次的概率是 3.125%，从直觉上看，黑色不太可能再次出现。然而，这种想法有以下几点错误。

由于出现红色和黑色的概率都是 50%，当然下一次出现红色的概率也是 50%。这里的一个事实是，下一次出现什么颜色的概率并不受之前出现过什么颜色的结果影响。所以必须每次都要预测出现红色或黑色的概率。

如果充分认识到这一点，你可能就不会再沉迷于赌博了，还

图2 过去并不影响未来（赌博时）

| 第1次 | 第2次 | 第3次 | 第4次 | 第5次 |
|-------|-------|-------|-------|-------|
| 输 | 输 | 输 | 输 | ？ |

虽说已经连续输了 4 次，
但并不意味着第 5 次输的概率会变高。

好吧，再来一局！

这样想的话，最终还是戒不掉赌博……

有助于说服别的赌徒戒掉赌博。

但是，如图 2 所示，我们也不能过于乐观。每次行动之前，切记适度最好。

## 过去的结果并不影响未来

从红黑轮盘游戏示例中，我们还可以学到另一个教训：过去并不影响未来。

这个想法也适用于其他事情。

当然，在人的一生中，过去和未来是相连的，不能割裂。坏事不太可能一直发生在我们身上。因此，乐观地思考问题，认为"下次可能会有好的事情发生""如果我们以积极的心态乐观地生活就一定会成功"，这也不是单纯的自我安慰。

# 09

你连打扫房间、洗衣服都不会，居然会做饭？

Abusive Ad Hominem

# 人身攻击谬误

| 含义 | 通过否定讨论者自身的特点，而不是针对问题本身，来驳回对方的主张。 |
|---|---|

| 关联 | 诉诸虚伪（→第 38 页）、稻草人谬误（→第 42 页） |
|---|---|

## 不会打扫卫生或不会洗衣服的人就不会做饭吗

请阅读下面的对话。如果你是丈夫，你能接受妻子所说的话吗？或者如果你是妻子，你会觉得自己说的话对吗？

丈夫：喂，是我。

妻子：怎么了？

丈夫：今天我打算做晚饭，你想吃什么？

妻子：……你在说啥呢？你连打扫卫生和洗衣服都不会，怎么会做饭呢？

丈夫：是啊，对不起。希望你早点回来。

看到这里，相信许多人都不会接受妻子的说法吧。因为她否定的不是丈夫的主张，而是提出这一主张的丈夫本人。甚至，丈夫的主张也以此为由被驳回。

这种通过攻击说话者自身的特点或行为，而不是其主张的内容本身，来驳回对方主张的方法叫作**人身攻击谬误**。（图1）

这是**人格攻击**的一种。在人格攻击中，在评估对方的论点是否正确时，评估的不是论点本身，而是说话者固有的（基本上与其主张无关的）方面（如人格、头衔、出身、经历等）。

人格攻击大致可以分为三种主要的类型，其中就包括本节所说的人身攻击（Hansen，2020）。

其余两种类型，一个被称为**情境人身攻击**，它指责对方为了自己的利益而主张对自己有利的论点（情境人身攻击被视为人身攻击的一个变种）；另一个是**诉诸虚伪**，我们将在下一节论述。

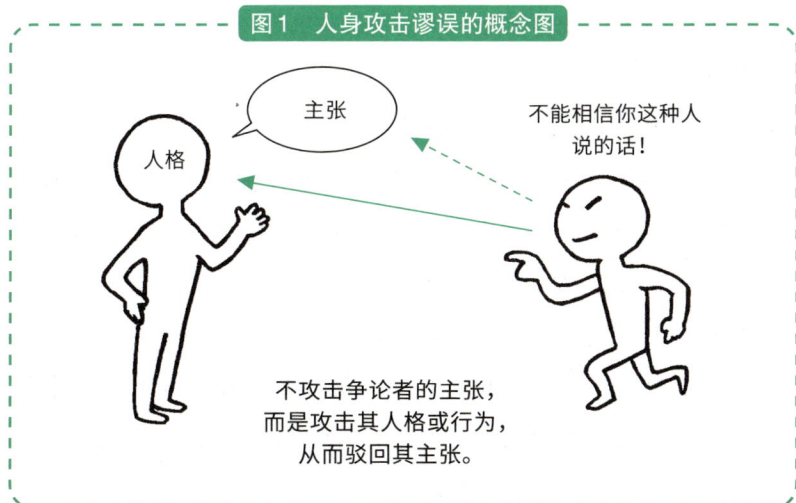

图1 人身攻击谬误的概念图

主张

人格

不能相信你这种人说的话！

不攻击争论者的主张，而是攻击其人格或行为，从而驳回其主张。

## 受到人身攻击时，也许胜利就在眼前

受到人身攻击的人太专注于自己的罪恶感，以至于忽略了自己的观点可能没有错。最终，他们可能在与问题本质毫无关系的地方被对方打败。

当然，这也取决于当时的气氛和你与对手的关系，所以想被打败也不容易。无论对手如何切中要害攻击你的弱点，你都必须坚定地相信这两者不是一回事。

另外，请记住，你可能比你想象中更接近胜利。因为对你加以人身攻击的对手很可能认为他已经不能反驳你的观点了。他们无法赢得合理的争论，所以才转移话题。

## 将人格与言行分开是否合适

但是，有人可能会怀疑，将人格和言行分开真的合适吗？

例如，假设一位政治家发表了一些种族歧视的言论，媒体和舆论会一起攻击他，说"堂堂政治家竟然……"。

但是，如果发表种族歧视言论的人是附近酒吧里的一个醉汉呢？你可能不会关心他说了什么吧。在某些情况下，评论的重点是"谁说的"，而不是"说了什么"。

比如，有人会说"家庭主妇很轻松"。你能想象什么人会说出这种话吗？如果这个人能够考虑到家庭主妇一年365天没有休息日，每天都在工作（当然，每个人的情况不一样），而且她们的工作繁杂琐碎的话，那就不会发表这样的言论了。

图2　是把主张和人格分开来对待，还是作为整体来对待？

人格

主张

主张是主张，
人格是人格

分开对待

作为整体　　有人格才有主张

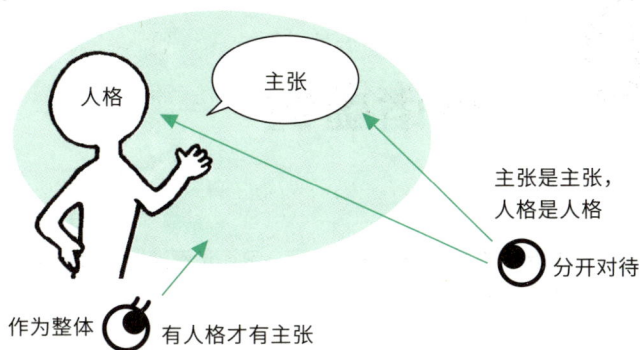

　　鉴于此，我们似乎可以很自然地认为，对手的人格可以在一定程度上影响其言行。因此，即使争论方式存在问题，我们可能也会接受这样的观点：对手的行为和言论反映了他们的人格，根据他们的人格来攻击他们是无可厚非的。（图2）

　　然而，我们也要记住，攻击某人的出身、性别、国籍、种族、外貌等无法依本人意愿改变的属性是一种歧视，有损对方的尊严，不应予以容忍。

你之前不也做错了？没有资格指责我！

Tu Quoque

# 诉诸虚伪

| 含义 | 指出对方的主张与其行为不一致，试图通过转移论点打败对方的论证方法。 |
|---|---|

| 关联 | 人身攻击谬误（→第 34 页）、稻草人谬误（→第 42 页） |
|---|---|

## 这事轮得到你来说吗

　　你正在咖啡馆里读书，这时传来了店员吵架的声音。貌似是一位店员弄错了顾客点的东西，另一位店员正在批评这位店员。

　　店员 1：这么长时间了你怎么连点单都做不好呢？

　　店员 2：我也没办法啊，相似的菜品太多了！

　　店员 1：但这次是烩饭和意大利面啊，这两种都分不清楚？

　　店员 2：同桌的一个客人点了烩饭，我误以为另一个客人也是烩饭呢。你怎么一直在说我呢？之前你不也上错菜了吗？还轮不到你指责我！

你是否也经历过以"你不也……"开头的反驳呢？被这样反驳时，估计很少有人能马上反驳回去吧。

这种以"你不也……"开头的攻击被称为诉诸虚伪。这种方法的目的是转移对方的批评，利用正在批评你的人指出的错误反过来指责对方。诉诸虚伪与上一节的人身攻击谬误一样，都是人格攻击的一种类型。

## 回归争论的本题

为什么使用这种论证法后，对方就无法反驳呢？

这是因为使用者说"你不也……"中指出的问题是确有其事。但必须注意的是，这里被指出的问题（即对方指出的你也犯过同样的错误的事实）与争论本身毫无关系。

当然，记错顾客点的菜是不应该的。但此时的问题是"刚才点错菜这件事"。

因此，即使对方提出了其他观点，自己即将被驳倒，但这并不意味着与对方提出的观点毫无关系的目前的问题也会被驳倒。

鉴于上述情况，当对方使用"诉诸虚伪"法发起攻击时，你只要回一句"那和这件事无关"即可。这样，至少对方不能再使用转移话题的方式反驳你。

## 泥潭中的战斗

出人意料的是，在争论中偷换论点的人非常多。在与别人争论时，你应该也曾使用"诉诸虚伪"法反驳过。这种方法可能是我们想摆脱争论时最好用的手段。

但是，诉诸虚伪有时也被用于反驳人身攻击谬误。来看下面的例子。

丈夫：喂，是我。

妻子：怎么了？

丈夫：今天我打算做晚饭，你想吃什么？

妻子：……你在说啥呢？你连打扫卫生和洗衣服都不会，怎么会做饭呢？

丈夫：你做的天妇罗不也从来没有成功过吗？

**图1 诉诸虚伪是将自己的失误变为对方的错误**

为了提高讨论的效率，最好不要使用"诉诸虚伪"法。
我们要知道一个显而易见的事实：指责他人的一方和被指责的
一方都不可能是完美的。

如果是在电话里这样说，情况可能会好一些。即使一方生气并挂断电话，在妻子回家前双方还有时间冷静地思考。

但如果是面对面地对话，夫妻之间的争吵就会失控。请记住这一点：使用人身攻击谬误和诉诸虚伪，很有可能让人际关系陷入泥潭。（图1）

## 如何避免"诉诸虚伪"

要想让对方没办法使用诉诸虚伪，最好的方法就是不犯错。但是，每个人都会犯错。

如果是上司和下属的关系，上司必须指出下属犯的错误。如果因为担心对方指责"你不也……"而不及时提醒，这就不是健康的上下级关系，也不是一个上司应有的样子。

优秀的上司即便有被下属批评的风险，也应该指出下属的错误并严于律己。

**11**

老公不想戒烟，还反驳说人人都有嗜好，你喝咖啡也是嗜好。这种情况下，如何应对？

Straw Man

# 稻草人谬误

| 含义 | 操纵对手的主张，使其变得简单化或极端化，然后再反驳歪曲后的主张。 |
|---|---|

| 关联 | 采樱桃谬误（→第 26 页）、人身攻击谬误（→第 34 页）、诉诸虚伪（→第 38 页） |
|---|---|

## ▌警惕偷换论点

很抱歉，下面的例子可能有点令人厌烦。但请你阅读下面的夫妻对话，找出你觉得不对劲的地方。

**妻子：**你赶紧把烟戒了吧。孩子可能会吸入二手烟，还浪费钱。

**丈夫：**我吸烟怎么了，又没花太多钱。在我的零花钱范围内买点嗜好品也没问题啊。再说，你能做到每天不喝咖啡吗？

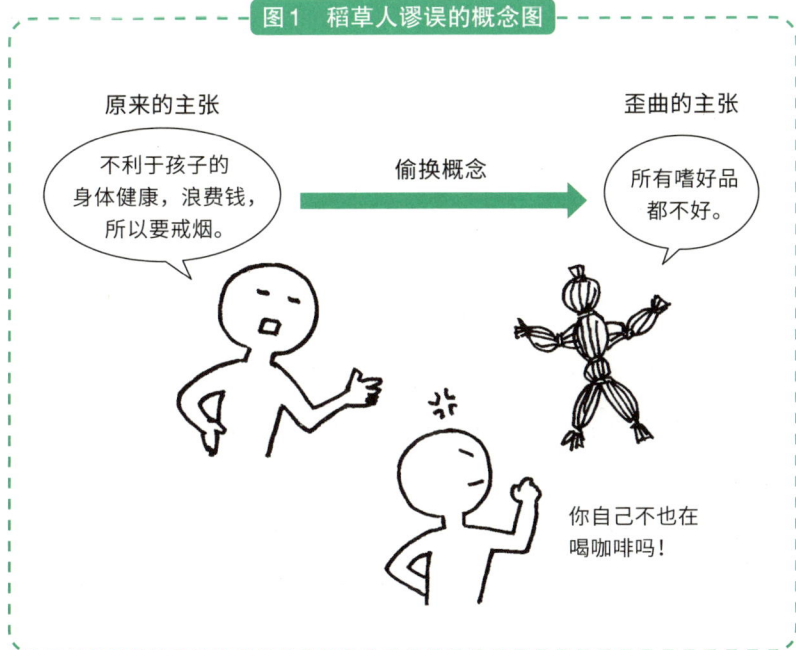

图1　稻草人谬误的概念图

原来的主张

不利于孩子的身体健康，浪费钱，所以要戒烟。

偷换概念

歪曲的主张

所有嗜好品都不好。

你自己不也在喝咖啡吗！

你有没有注意到丈夫正在**偷换论点**？妻子只是主张"因为健康原因和经济问题，我希望你戒烟"，但丈夫却偷偷把妻子的主张换成"所有嗜好品都不好"，从而谴责妻子并为自己的吸烟行为辩解。（图1）

简化说话者的主张或用极端的论点随意替换说话者的主张，并指责歪曲后的主张以让讨论有利于自己的论证方式被称为**稻草人谬误**。

在偷换论点以便让讨论有利于自己的方法中，除了上一节讲的**诉诸虚伪**，还有下面的**米饭论证法**。

## 米饭论证法

可能你没有听说过稻草人谬误，但应该听过米饭论证法吧？

> **妻子：**你今天回来得很晚啊。在外面吃过饭了吧？
> **丈夫：**不，我没吃饭。（但喝酒了。）

当被问及是否吃过饭时，丈夫偷偷用喝酒（一般来说，喝酒时自然会吃简单的饭菜）来代替与"米饭"不同的东西，试图回避妻子的追问。

丈夫既不想撒谎，也不想说出真相。即使后来被批评说"你不是说没吃吗？"时，他仍可以说"我说我没有吃米饭，而不是没吃米饭之外的其他东西"。

图2　米饭论证法的概念图

稻草人谬误是攻击歪曲后的主张，而米饭论证法则是以转移原来问题的方式发起攻击。（图2）

经常出现在米饭论证法中的词有恋人、喝酒、考试等。这些词的一个共同点是，乍一看意思很明白，但可以随意解释。

然而，米饭论证法只不过是一种临时救场的幼稚狡辩。只要再追问一次，大多数人可能会为自己的浅薄思维感到羞愧，并举手投降。

## ▌公平坦率的视角很重要

包含稻草人谬误在内，当**论点被偷换**时，如果你没有意识到讨论过程已经偏离了原来的论点，就会上当受骗。

当你发现对方利用稻草人谬误指责你时，最重要的是看清楚对方指责的主张是否是你原来的主张。

事实上，如果仔细聆听，你很容易就会发现，对方的论点并不是对你的论点的有效批评。

如果对方使用稻草人谬误展开论证，你可以说"我说的不是这个，论点偏离了"，并将讨论带回本论点即可。请注意，不指出对方的问题，讨论就会一直没有任何进展。

希望胜于绝望，证据胜于希望；如果没有证据，那就增加热情和责任。

# 12

## Wishful Thinking

# 乐观预测

| 含义 | 期待出现好的结果，而不是不好的结果。 |

| 关联 | 二分法谬误（→第 2 页）、滑坡论证（→第 18 页）、采樱桃谬误（→第 26 页） |

## 你是否只希望发生对自己有利的事情

假设你现在是大学三年级的学生，你跟几个朋友在大学食堂里吃午饭时，朋友们展开了下列对话。

朋友 1：听说由于经济形势不好，今年公司招聘的人数大大减少。

朋友 2：就是啊。我想成为一名乘务长，正发愁呢。今年所有的航空公司都没有招人的意愿呢。

朋友 1：我也有点担心，因为我的第一志愿公司今年在招聘方面并不积极。但是明年经济会复苏，虽然今年招得少，预计明年会比往年招聘更多的人。要是这样就好了。嗯，我相信情况肯定会变好！

      **朋友2：**是啊。相信明年公司肯定会招聘更多的人！

当你的朋友们这样讨论时，你心里有些蔑视："会这么顺利吗？即使经济复苏，业务恢复，我认为公司也会暂缓招聘，以弥补之前的损失……我得考一些资格证书才行。"

像这些朋友一样，倾向于把事情向着对自己有利的方向思考的方式被称为乐观预测。

在上面这个例子中，尽管没有任何明确的证据支持朋友们的主张，但他们却像已经做了有效的推断一样不断讨论着。基于乐观预测展开讨论的人，会同时使用采樱桃谬误中收集证据的方法，试图以巧妙的方式巩固自己的观点。

## 如果你被对手的热情打动了

之所以你会被乐观预测的想法说服，或多或少是因为你被提出该主张的人的热情所打动。

当然，你也可以给对方泼冷水，说："你有什么证据吗？"这是劝阻对方使用乐观预测的最有效的方法。

然而，根据你和对方的关系及当时的气氛，要说出上面的话可能并不容易。例如，对于上级的乐观预测，你直接反驳说："但你没有任何客观数据啊！这不都是主观臆测吗？"即使你与对方处于平等地位，这么做也有可能伤害到对方或招致对方的怨恨。

于是，一个不想惹麻烦的"好人"会将他想说的话放在心里。

## 学会使用乐观预测和热情

当然，在商业、体育等领域，不应否认热情的重要性，因为它是一个值得肯定的因素。

即使你知道自己缺乏证据，只不过是乐观预测，但如果你无论如何都想表达自己的观点，也可以试着把自己的热情传达给对方。

但是，你也必须同时表明，你准备为你所说的话负责。你的决心越强，你的热情就越能传达给对方。（图1）

顺便说一下，能打动对方的不仅仅是热情。

比如推销人员想要卖出瓷罐时，会利用对方的恐惧和焦虑。

图1　如何推进没有确切证据的事情？

只有乐观预测

别担心，一定会顺利的！

证据是什么？

乐观预测 + 热情 + 责任

请一定让我对此事负责！

既然你都这么说了……

如果你不做某件事，就会有叮怕的事情发生在你身上——这种说服别人的方法叫作**诉诸恐惧法**。它被认为是**诉诸感情法**的一种，因为它试图动摇对方的情绪，以得出对自己有利的结论。

## 希望与绝望的平衡

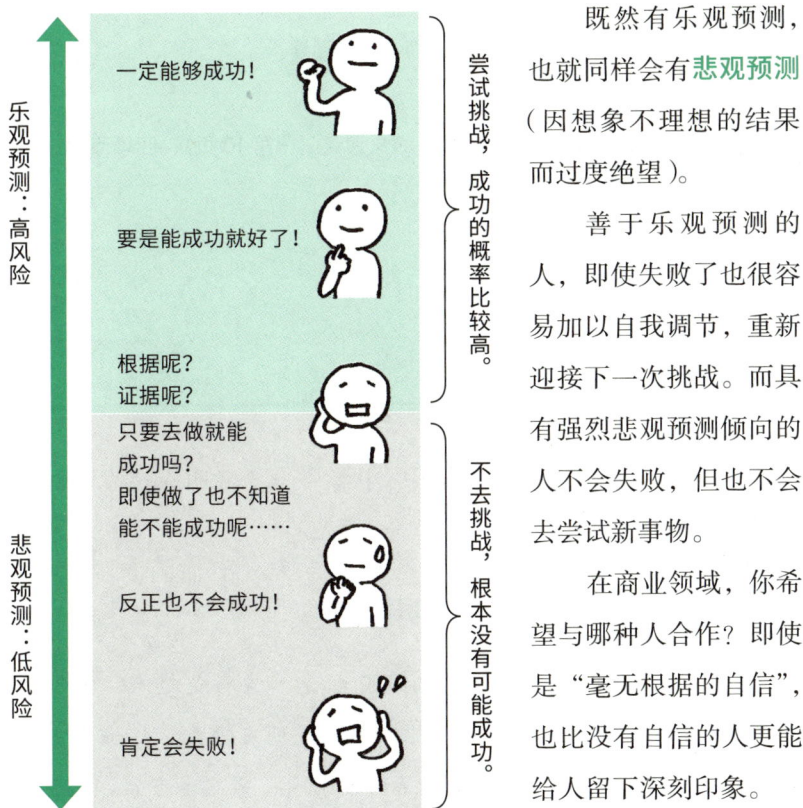

乐观预测：高风险

悲观预测：低风险

一定能够成功！

要是能成功就好了！

根据呢？
证据呢？

尝试挑战，成功的概率比较高。

只要去做就能成功吗？
即使做了也不知道能不能成功呢……

反正也不会成功！

肯定会失败！

不去挑战，根本没有可能成功。

既然有乐观预测，也就同样会有**悲观预测**（因想象不理想的结果而过度绝望）。

善于乐观预测的人，即使失败了也很容易加以自我调节，重新迎接下一次挑战。而具有强烈悲观预测倾向的人不会失败，但也不会去尝试新事物。

在商业领域，你希望与哪种人合作？即使是"毫无根据的自信"，也比没有自信的人更能给人留下深刻印象。

影视剧中出现的坏官员们都会陷入的谬误。

Masked Man Fallacy

# 蒙面人谬误

| 含义 | 由于缺乏可替代的知识而引起的谬误。 |
| --- | --- |

| 关联 | 连锁悖论（→第 6 页）、歧义谬误（→第 10 页）、四项谬误（→第 66 页） |
| --- | --- |

## ▌克拉克·肯特 = 超人

你看过《超人》这部电影吗？电影中一个名叫克拉克·肯特的男人实际上是这座城市的英雄——超人。

现在请你考虑以下情况。

一位女士不知道她的朋友克拉克·肯特是超人。但有一天，她的一个朋友问她："你和超人是朋友吗？"这位女士并不知道克拉克·肯特与超人是同一个人，当然会否认。

但是，这位女士确实认识克拉克·肯特（即超人），所以她否认认识他是不对的。这位女士就陷入了**蒙面人谬误**。**欧布里德**论证了这一谬误（Diogenis Laertii, 1984）。这位否定自己认识超人的女士错在哪里呢？其实，该命题以下的部分是成立的。

假设两种表达式（例如名字）e 和 e'代表同一个对象。再假设有一个命题 P，其中出现了表达式 e。在这种情况下，把 P 中的 e 替换为 e'并不会改变 P 的真伪。

这种可以替换的命题被称为**外延命题**。即使前面例子中的"我认识克拉克·肯特"被替换为"我认识超人"，这句话仍然是正确的，而不是错误的。（图 1）

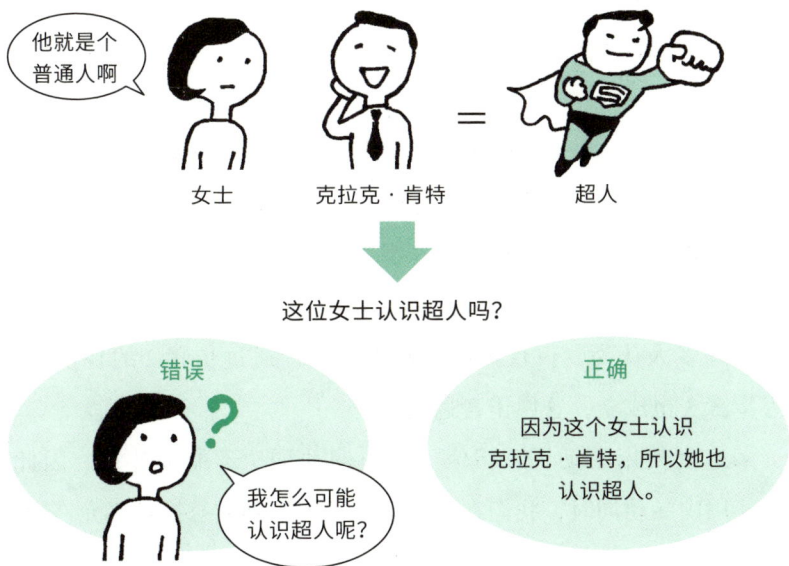

他就是个普通人啊

女士　　克拉克·肯特　　＝　　超人

这位女士认识超人吗？

错误

我怎么可能认识超人呢？

正确

因为这个女士认识克拉克·肯特，所以她也认识超人。

然而，案例代表的这类命题的复杂性在于，即便本人不知道他们是同一个人，这种替换仍然成立。

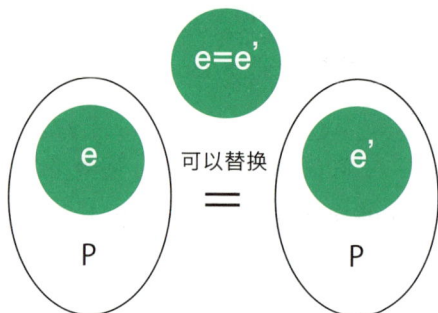

图1 外延命题

e=e'

e

P

可以替换 =

e'

P

## 无法替换的情况

有一些特殊的命题是不能替换的。这样的命题被称为内涵命题。（图2）

例如，包含"相信""爱""希望"和"怀疑"的命题。这些动词的特点大致可以理解为：动作的主体（执行动作的人）的感知和看法会对句子的形成产生影响。

请考虑以下替换步骤。

**步骤1**：一位女士相信"克拉克·肯特是一个普通人"。

**步骤2**：将"克拉克·肯特"替换为"超人"。

**步骤3**：一位女士相信"超人是一个普通人"。

许多人认为，仅仅因为步骤1成立，通过步骤2的替换就认为步骤3也成立，这属于言过其实。

这里使用的动词"相信"是内涵动词，不能被替换。因此，当使用内涵动词时，我们在第一个例子中看到的替换是不允许的。

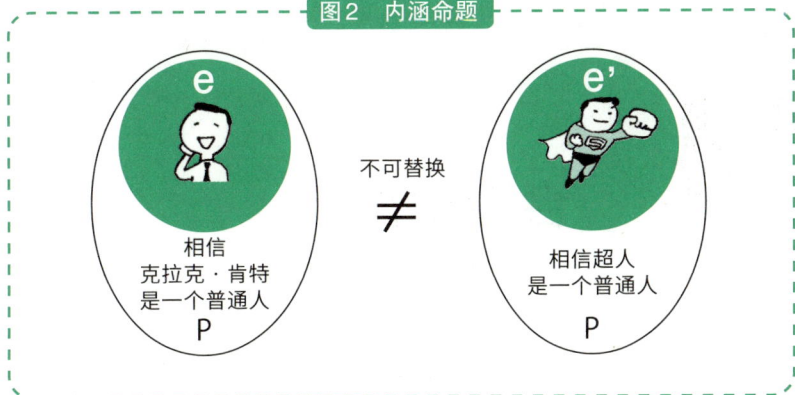

图2　内涵命题

e
相信
克拉克·肯特
是一个普通人
P

不可替换
≠

e'
相信超人
是一个普通人
P

## 你到底是怎么想的

原本理所当然可以替换的命题，如上文中涉及内涵动词时，就会出现意想不到的问题。

例如，在超人的例子中，对于"这位女士对他（克拉克·肯特，也就是超人）的感觉如何？"这个问题，我们无法给出明确的回答。（这个问题有三个可能的答案："他很普通""他很可靠"或"两者都不是"。无论选哪一个，都不能说是正确答案。）由此可见，当涉及人们的想法时，事情会变得更加复杂。

我们都遇到过这样的情况：我们相信的东西被告知是错误的，或者明明我们不相信某些东西，却被无端指责为相信。每当发生这种情况时，我们往往将问题的原因归咎于自己或他人考虑不够周到。然而，了解了蒙面人谬误，我们就可以从不同角度来看待这个问题，看看原因是否在于其他方面（替代的方式、动词的性质等）。这样你或许能找到不同的解决问题之道。

## Conjunction Fallacy

# 合取谬误

| 含义 | 当选项是"A 和 B"与单纯的"A"（或"B"）时，人们认为选项是"A 和 B"的概率要高于单纯的"A"（或"B"）的概率。 |
| --- | --- |
| 关联 | 赌徒谬误（→第 30 页）、信念偏见（→第 70 页） |

## ▍琳达是个什么样的人

首先，请你考虑以下问题。

琳达，现年 31 岁，单身。她纯真率直，是一个非常聪明的女性。她在大学时学习哲学。上学时，她对歧视和社会正义等问题深感兴趣，并参加过反核游行活动。

现在，在下面两个选项中，你认为哪种更符合琳达的现状？请选择更有可能的那一个。

①琳达是一名银行职员。

②琳达是一名银行职员，也参加女权主义运动。

许多人可能选择了选项②。这个问题被称为**琳达问题**，是**合取谬误**常见的例子之一（Tversky and Kahneman, 1983）。"合取"一词是"并且"的意思。

事实上，本实验中 85% 的参与者选择了选项②。

然而，正确的答案，即琳达的现状，更有可能的是①。（图 1）

图 1　琳达问题的概念图

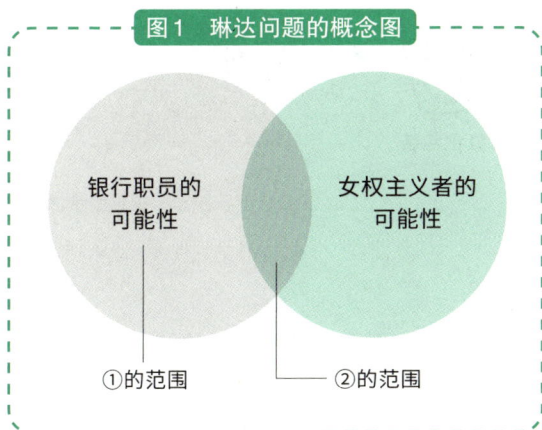

银行职员的可能性

女权主义者的可能性

①的范围　　②的范围

## 重视代表性特征

琳达问题通常被认为与**代表性启发式**有关（Kahneman and Tversky, 1972）。

启发式指的是一种尽可能简单和有用的方法，与算法（一种固定的程序，能保证得出正确的答案）相对应。在琳达问题中，启发式根据一个主体在某一群体中的代表性来确定其属于该群体的概率，这被称为代表性启发式。（图 2）

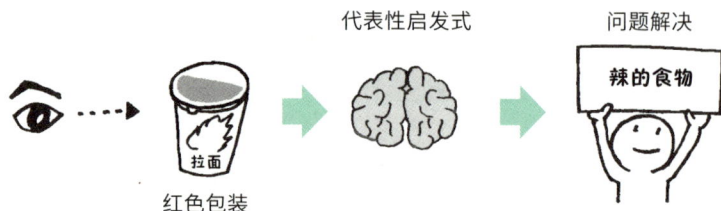

图2　什么是启发式

遵循直觉而不是逻辑过程来解决问题的一种捷径。
其中，基于某一对象的代表性特征做出判断的方式叫作
代表性启发式。

现在，让我们看一下在考虑琳达问题时，代表性启发式是如何发挥作用的。

在选项①和②中，"是一名银行职员"是两个选项的共同属性。通常情况下，作为琳达的属性，只有一个条件的选项应该被判断为具有更高的概率。

然而，为了回答这个问题，许多人过多地关注琳达的个性特征。因此，他们认为琳达的特征与"典型的参加女权主义运动的银行职员"更相似，而不是"典型的银行职员"。

换句话说，人们之所以高估了琳达是女权主义者的可能性，是因为他们觉得琳达的特点（她对歧视和社会正义等问题感兴趣，而且参加过游行活动）符合人们认为的女权主义者的典型特征。

## 对事物或人的期望值过高

当落入合取谬误时，我们很容易对事物和人产生误判。

例如，你想购买一台新电脑。这台电脑是一款功能强大的畅销产品。如果你有这种错觉，你就会对这台新电脑有过高的期望。

换句话说，当你思考这台电脑"只是一台功能强大的电脑"的概率大还是"一款功能强大而且很好用的电脑"的概率大时，你会对它期望过高，从而判断后者的概率更大。

然而，在现实中，它"只是一台功能强大的电脑"的概率更高。

## 条件越多适用范围就越窄

那么，我们如何避免这种错觉呢？

让我们回到之前讨论的"琳达问题"。一个同时是女权主义者的银行职员是银行职员群体的一部分（在电脑的例子中，"功能强大且很好用的电脑"是"功能强大的电脑"的一部分）。

增加了女权主义者这个条件后，满足这一条件的人数一定少于不附加任何条件的银行职员的人数。因此，琳达既是银行职员又参加女权主义运动的概率并不会超过她只是一个银行职员的概率。

因此，我们必须注意"合取"（并且）的作用，并仔细审视我们是否依赖代表性启发式等启发式方法。

# 15

不是从重点大学毕业的求职者，就一定不优秀吗？

Denying The Antecedent

# 否定前件

| 含义 | 一个关于推理的谬误。其推理形式是：若"如果 A，那么 B"成立，则"如果不是 A，那么不是 B"。 |

| 关联 | 肯定后件（→第 62 页） |

## 选择意大利烩饭而不是意大利面对吗

让我们想象咖啡馆中的一个场景。坐在旁边的桌位的两个女大学生正兴奋地看着菜单。

**女大学生 1**：今天我想吃意大利面。但最近胖了，要不就只点个沙拉吧。

**女大学生 2**：呀，这意大利面看起来很好吃呢。要不要点这个，再来个蛋糕？

**女大学生 1**：意大利面是碳水化合物吧？吃这个肯定会变胖。好纠结，怎么办好呢……

女大学生 2：那要不你就点个意大利烩饭？

女大学生 1：好！

　　你可能认为这有点儿像喜剧，但这是我特意举的一个通俗易懂的例子。在说明二人所犯的错误之前，先来看几个术语和一些简单的推理规则。

　　这个例子使用了一个形式为"如果 A，那么 B"的**条件句**。此时，条件句的前半部分（A）被称为**前件**，条件句的后半部分（B）被称为**后件**。

　　在这种情况下，我们可以从"如果 A，那么 B"的 A 中推导出 B。这种推理规则叫作**肯定前件**。

　　现在让我们根据上述情况，看一下咖啡馆里女大学生的思考过程。（图 1）"如果吃意大利面，就等于吃碳水化合物"是一个形式为"如果 A，那么 B"的条件句。"如果吃意大利面"相当于 A，即前件；"吃碳水化合物"相当于 B，即后件。如果我们否定前件，就变成了"不吃意大利面"（不是 A），那么后件的否定就变成"没吃碳水化合物"（不是 B）。

　　在这里，二人从"如果 A，那么 B"和"不是 A"中推导出

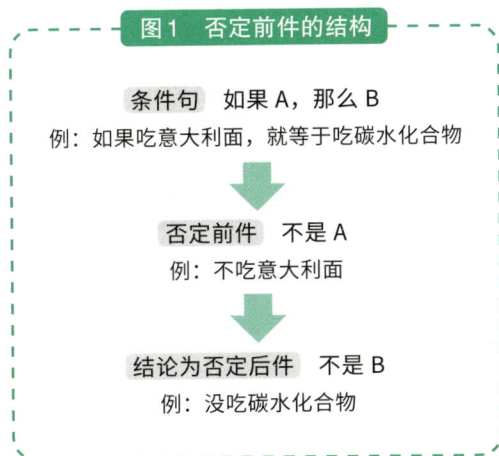

图1　否定前件的结构

条件句　如果 A，那么 B
例：如果吃意大利面，就等于吃碳水化合物

↓

否定前件　不是 A
例：不吃意大利面

↓

结论为否定后件　不是 B
例：没吃碳水化合物

"不是 B"。这种推理形式被称为**否定前件**，是一种错误的推理。

## 关于意大利面和碳水化合物的充分条件和必要条件

如上，条件句"如果 A，那么 B"会诱导我们推理出"如果不是 A，那么不是 B"。这就是所谓的**诱导推理**（Geis and Zwicky, 1971）。

在这种情况下，"如果不是 A，那么不是 B"等同于"如果是 B，则是 A"。

那么，能否从"如果 A，那么 B"中推导出"如果 B，那么 A"呢？答案当然是否定的。在"如果 A，那么 B"所表达的条件句中，前件只表示后件的**充分条件**，并没有断言它是一个**必要条件**。

让我们看一下开头的例子。"意大利面"是"碳水化合物"的充分条件，但不是必要条件。（图 2）稍微思考一下就会发现，吃了碳水化合物的食物并不仅指吃了意大利面。

这就是二人得出"如果不吃意大利面，就没有吃碳水化合物"或"不吃意大利面（吃意大利烩饭），就没有吃碳水化合物"，这一奇怪结论的原因，尽管意大利烩饭也是一种碳水化合物。

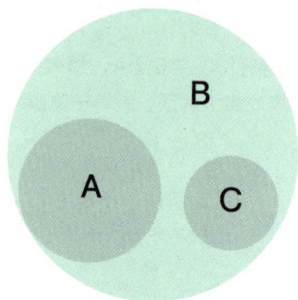

图2 意大利面（A）、碳水化合物（B）、意大利烩饭（C）的关系

除了 A，还存在其他空间 B。
因此，不能说"因为不是 A，所以不是 B"。

## 隐藏在日常生活中的否定前件

　　看完女大学生的案例后，你可能认为，自己不会愚蠢到犯否定前件的错误。然而，否认前件的结构巧妙地潜伏在我们的日常生活和商业场合中，几乎无处不在。例如，你能感受到以下对话中的违和感吗？

　　　　招聘负责人1：入围最后一轮面试的铃木和山田，我们选哪一位？

　　　　招聘负责人2：噢，铃木是旧帝国大学毕业的啊，非常优秀呢。

　　　　招聘负责人1：山田毕业于当地一所国立大学。

　　　　招聘负责人2：那我们就雇用旧帝国大学的铃木吧。

　　当然，也有可能是旧帝国大学的铃木非同一般，毕业成绩名列前茅，工作经历也非常厉害。然而，如果招聘负责人在录用新人时看重的是毕业大学的名称，那他们可能犯了否定前件的错误。下面看一下他们的谈话中哪里出现了否定前件。

　　"如果是旧帝国大学的学生（A），那就很优秀（B）"，然而，"山田并不是旧帝国大学的学生（不是A），所以，他不优秀（不是B）"。

　　如果未被录用的毕业于地方国立大学的学生山田听到这段对话，他会非常失望吧。"没有毕业于旧帝国大学，并不意味着不优秀！地方国立大学里也有很多优秀的人才！招聘标准太草率了！"

　　你能确定在日常工作或生活中，自己不会做出这种草率的判断吗？

发热是由流感引起的，还是只是因为普通感冒？

Affirming the Consequent
# 肯定后件

| 含义 | 一个关于推理的谬误。其推理形式为：若"如果 A，那么 B"成立，则由"是 B"可以推导出"是 A"。 |

| 关联 | 否定前件（→第 58 页） |

## 真的是得了流感吗

让我们设想以下情况。

孩子发热睡着了。由于是突然开始发烧，所以原因不明，但母亲却这样想："得了流感就会发高烧。孩子烧得这么厉害，肯定是得了流感。"

如果你读过上一节的**否定前件**，你马上就会发现，母亲的推理过程有问题。

在下文中，我们将尝试使用上一节中讨论的"前件""后

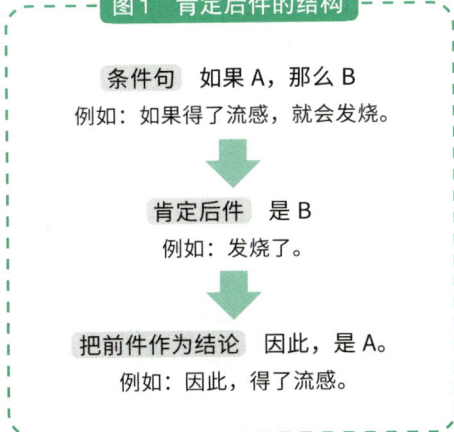

图1 肯定后件的结构

条件句 如果A，那么B
例如：如果得了流感，就会发烧。

肯定后件 是B
例如：发烧了。

把前件作为结论 因此，是A。
例如：因此，得了流感。

件""条件句"等术语来分析这位母亲是如何思考的。

条件句"如果A，那么B"：如果得了流感，就会发烧。

前件A：得了流感。

后件B：发烧了。

在这里，母亲从"如果A，那么B"（如果得了流感，就会发烧）进而从"B"（发烧了）中推导出"A"（得了流感）。（图1）这种推理形式被称为**肯定后件**，是一种错误的推理。

## 更复杂的转换

在肯定后件中，就像在否定前件中解释的一样，**诱导推理**（条件句"如果A，那么B"诱导我们推导出"如果不是A，那么不是B"）很可能导致错误的结论。

如果能从"如果A，那么B"推导出"如果不是A，那么不是B"，那么也可以推导出与此等同的条件句"如果B，那么A"。但是，"如果A，那么B"却推导不出"如果B，那么A"。（表1）

在这里，母亲错误地认为"如果A，那么B"（如果得了流感，就会发烧）意味着"如果B，那么A"（如果发烧了，那么就是得了流感）也是真的，所以她根据发烧的事实（B）认为原因是得了流感（A）。

然而，事实是发烧并不一定意味着得了流感，可能只是普通感冒，也可能是其他原因。

表1　条件句与论证正确性的组合

| | 条件句 | | 肯定或否定 | 结论 | 论证是否正确 |
| --- | --- | --- | --- | --- | --- |
| | 前件 | 后件 | | | |
| 肯定前件 | A | B | 是A | 是B | 正确 |
| 否定前件 | A | B | 不是A | 不是B | 错误 |
| 肯定后件 | A | B | 是B | 是A | 错误 |
| 否定后件 | A | B | 不是B | 不是A | 正确 |

## 隐藏在日常生活中的肯定后件

为了避免肯定后件式推理，最重要的是不要被诱导推理所误导。刚才这个例子可能有些难以理解，在推理时，人们倾向于认为"如果A，那么B"成立，则"如果B，那么A"也成立。

请你思考下面这个例子。

毕业于旧帝国大学的人都很优秀。刚来参加面试的铃木很优秀。因此，铃木一定毕业于旧帝国大学。

这种说法是错误的。当然，从旧帝国大学毕业的人中有许多人很优秀，但也有很多优秀的人毕业于地方国立大学。

由此可见，很多人会不自觉地做出否定前件或肯定后件的错误推论。

那么，下面的条件句又如何呢？

如果C是女人，那么她就会穿裙子。

应该有许多人也会认为"如果C穿裙子，那么C就是女人"吧。

由于裙子已经成为女性的标志之一，如女厕所的标识和初高中女生的校服等，所以按照社会习俗，自然会有这样的想法。

但是，如果由此引申出"女人应该穿裙子"或"男人不应该穿裙子"的话会有什么后果？

这种"武断结论"显然与当前崇尚多元价值观的现代潮流背道而驰。

当你发现自己正在用"条件句"参与讨论时，请停止发言并思考自己是否在使用这种错误的推理方式。这样能减少你做出错误决定的次数。

Fallacy of Four Terms

# 四项谬误

| 含义 | 在三段论使用的三个概念之外再加上第四个概念时产生的谬误。 |
| --- | --- |

| 关联 | 歧义谬误（→第 10 页）、蒙面人谬误（→第 50 页）、信念偏见（→第 70 页） |
| --- | --- |

## 日常会话中隐藏着许多三段论

我们通常会在不知不觉中展开所谓的**三段论**论证（从两个不同的前提命题中推导出一个结论命题）。

让我们看看下面这段父子之间的对话。

> 父亲：所有生物都会变老。
>
> 儿子：那么，圆圆（日本动画片《猫狗宠物街》里的小猫）也会变老吗？
>
> 父亲：是的。

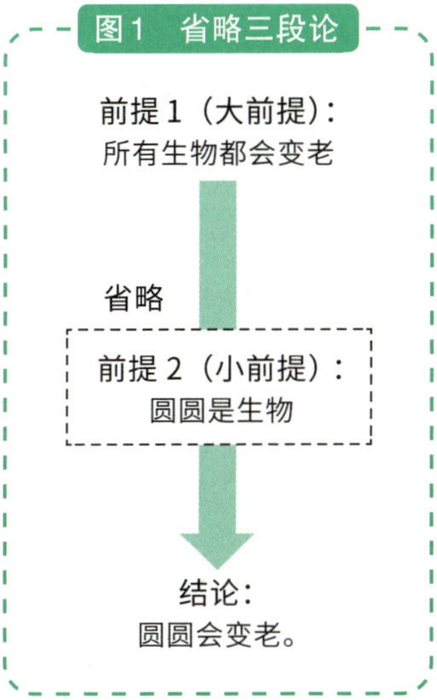

图1　省略三段论

前提1（大前提）：
所有生物都会变老

省略

前提2（小前提）：
圆圆是生物

结论：
圆圆会变老。

这种自然的交流也是以三段论的形式展开的。但是，严格来说，从这段对话中只能读出一个前提"所有生物都会变老"和结论"圆圆会变老"。也就是说，还缺少一个前提命题。其实，这里省略了"圆圆是生物"这一前提。（图1）

这种省略三段论的两个前提之一（结论可以省略）的论证称为省略三段论。

当然，在父子之间，这个前提是不言自明的，所以无需特意说明，会话也能继续。

然而，许多人可能没有意识到，即使在这种随意的日常对话中，也在使用三段论论证。

## 三段论的错误用法

由于三段论常常以省略三段论的形式出人意料地隐藏在我们身边，所以有时它会被错用。

为了避免错用三段论，我们必须遵守一些规则。其中之一就是只使用三个概念。在前面的例子中，只使用了"生物""圆圆""变老"三个概念，所以可以看到三段论的使用方法是正确的。

现在来看下面的例子。

家里有出生三个月以内孩子的员工都可以休产假。所有刚生完孩子的员工都有出生三个月以内的孩子。因此，所有生过孩子的员工都可以休产假。

很多人可能会觉得这样描述很奇怪。但在日常对话中，有些人可能会觉得这种说法是正确的。

然而，这个例子是一个错误的论证，因为它使用了四个概念：

概念 1：有三个月以内孩子的员工。概念 2：可以休产假。概念 3：刚生完孩子的员工。概念 4：生过孩子的员工。

如果没有其他"生过孩子的员工"，就可以得出"所有刚生完孩子的员工都可以休产假"这个结论。在这种情况下，"生过孩子的员工"并不一定是刚生完孩子的员工。例如，"有上五年级的孩子的员工"也是"生过孩子的员工"。

如上所述，在只能使用三个概念的情况下，由于使用四个概念而造成的推理错误，被称为四项谬误。

记住这一点后，请考虑以下例子。

2020 年度年收入低于 300 万日元的人，可以获得补贴。

A 的年收入低于 300 万日元。

因此，A 可以获得补贴。

这里涉及四个概念：

概念 1：2020 年度年收入低于 300 万日元的人。概念 2：可以获得补贴。概念 3：A。概念 4：年收入低于 300 万日元。

如果 A 符合概念 1（2020 年度年收入低于 300 万日元的人）的要求，他将获得补贴。但如果他只符合概念 4（年收入低于 300 万日元），他将不能获得补贴。换句话说，额外加入的概念 4 具有误导性。

## 记得数一下概念的数量

正如我们在省略三段论的例子中看到的那样，三段论出乎意料地就在我们身边。反过来说，你很有可能在没有意识到的情况下利用三段论做出了错误的推论。

在前面两个关于产假和补贴的例子中，可能比较容易发现它们使用了四个概念。但如果在口头上使用更巧妙的表达方式呢？也许更难以发现。

例如，假设你被花言巧语诱导说符合条件，于是申请或购买了某种东西。但后来又却被告知不符合条件，那么合同可能就会无法履行，或者由于你违反了合同规定而无法拿回已经投入的钱。

又比如，你可能已经申请了一项计划或补助金，但其实你并不符合条件，那你之前所做的所有工作都是在浪费时间。

但是，如果你了解了四项谬误，就可以先数一下概念的数量，及时发现可能存在的陷阱。这样，你将能够做出比以往更正确的决定。

# 18

人们可能会优先根据信念而非有效性做出判断。

Belief Bias

# 信念偏见

| 含义 | 当我们关注结论时，该结论的合理性会影响我们即将做出的逻辑判断。 |

| 关联 | 合取谬误（→第 54 页）、四项谬误（→第 66 页）、信念保守主义（→第 74 页） |

## 黑心公司的诡辩

让我们来看看下面这家公司的日常工作状态。

　　A 先生是一名非正式员工，在目前的公司工作了好几年。在这家公司，加班已经成为常态，但却不能申请加班费。A 先生的直接上司曾对他说："正式员工都不申请加班费，我也不申请。你是非正式员工，所以也不要申请。"

　　在被告知这些情况之后，A 先生现在仍在继续工作，并没有质疑上司所说的话。

如果 A 先生继续这么拼命工作，他最终会因为过劳而累垮身体吧。

在这里，A 先生可能觉得上司的主张来自正确的推论，但客观来看，这只是诡辩。因为无论是正式员工还是非正式员工，公司都必须向其雇用的劳动者支付加班费。

然而，随着 A 先生沉浸在所在公司的文化中，不申请加班费可能已经变成一种理所应当的行为，甚至是一种"美德"。

因此，当得出的结论是"可信的"内容时，人们就会相信，即使它们是由不合理的论据得出的（Evans et al, 1983）。这种信念对推理的影响被称为信念偏见。

换句话说，信念比论证结论的正确性更受到重视。那么，为什么人们会如此重视信念呢？

## 论证的合理性与信念之间的冲突

在三段论中，必须对论证的正确性和命题的真伪做区别论证。在探讨一个论点的正确性时，必须始终牢记这一区别。这是因为，论证正确并不一定意味着其结论可信。（图 1）

把"结论是否得到合理论据的支持"和"结论是否与我们的信念相一致"组合起来，我们可以得出以下 4 种选项。

①论证合理，结论与信念一致。

②论证合理，结论与信念不一致。

③论证不合理，结论与信念一致。

④论证不合理，结论与信念不一致。

在考虑信念偏见时，特别重要的是③"论证不合理，而结论与信念一致"的情况。

对许多人来说，判断一个论证是否合理非常困难。而判断一

---

**图1 关于论证的合理性和命题的真伪**

正如论证中存在"合理论证"和"不合理论证"的区别，命题中也存在"真"与"伪"的区别。必须对"论证的合理性"和"命题的真伪"做区分论证。以下是两个合理论证的例子。

**论证1**

前提1：猫都会变老。
前提2：圆圆是一只猫。
结论：所以，圆圆会变老。

**论证2**

前提1：猫都会变老。
前提2：波奇是一只猫。
结论：所以，波奇会变老。

在论证1中，如果圆圆是一只猫，那么论证1的所有前提都是真实的，结论值得信任。
而论证2中，如果波奇是一只狗，那么其中一个前提是错误的，所以论证2的结论不能被信任。
因此，在考虑一个结论是否值得信任时，我们必须谨慎地考虑"论证是否合理"及"前提是否真实"，此时存在以下组合。

①论证合理，使用真命题的论证
②论证合理，使用伪命题的论证
③论证不合理，使用真命题的论证
④论证不合理，使用伪命题的论证

上述论证中只有①的结论值得信任。

个结论是否与信念一致相对比较容易。因此，当一个论点的合理性和信念发生冲突时，我们更有可能根据信念做出判断。

这也可能是使用了某种启发式的结果：当逻辑和信念发生冲突时，信念优先。

让我们再思考一下前面的例子。

如果 A 先生相信上司所说的话是合理的，而且得出的结论与他的信念是一致的，那么他就会继续接受公司非正规甚至是违法的做法和内部规则，而不会有任何疑问。

但是，知道了信念偏见的存在，可能会让 A 先生质疑这一结论，并让他从自以为正确的公司的做法中幡然醒悟。

## ▌信念比你想象的更可靠吗

然而，有人认为，只要信念不是错误的，就可以根据信念做出判断，此时大多数情况都会非常顺利。（例如，图 1 中"论证 2"的结论是由不合理的论证推导得出的，但结论本身似乎是可以相信的。）（Anderson, 1982, 中岛等, 1994）

因此，没有必要因为陷入信念偏见而紧张。

如果你觉得自己偏重于信念，那你可以质疑这些信念在逻辑上是否正确；如果你由于太过依赖逻辑而感到困惑，那么依靠信念也不失为一种突破方式。以这种方式思考可能有助于我们获得更平衡的思维方式。

为什么放下你曾经相信的东西这么难呢？

Belief Conservatism

# 信念保守主义

| 含义 | 即便我们获得了信息，也无法立即充分地更新我们的信念。 |

| 关联 | 信念偏见（→第 70 页）、常识推理（→第 78 页） |

## 一旦开始怀疑，就需要时间来消除疑虑

请你强迫自己想起一个你非常不喜欢的人。你能想象有一天你会喜欢上那个人吗？相信大多数人都做不到吧。

然而，我们中的许多人都有过这样的经历：我们对他人的评价和怀疑会分几个阶段被化解。比如下面这个小案例。

我一直觉得我的同事小 A 只是工作比较认真，并没有那么优秀。我们上司也很担心小 A。

有一天，小 A 告诉我，今天早上他也要去那家以合同难签闻名的医院谈合作。我心想："反正今天他也会失败而归。"

但刚过中午，我就收到了小 A 的电子邮件，说他已经签下了合同。我根本不敢相信。之后，我看到小 A 回到公司，高兴地向上司报告。

然后，在与上司确认后，我最终才相信小 A 已经拿下了合同这件事。

人类信念的这种缓慢而非快速的修正，**与信念保守主义**有关。

## 选择 1 号袋子的概率是多少

下面的实验说明了信念的保守性（Edwards, 1968）。

①准备两个袋子，每袋按以下比例放有黑色筹码和绿色筹码：

　　1 号袋子（700 个黑色筹码，300 个绿色筹码）

　　2 号袋子（300 个黑色筹码，700 个绿色筹码）

②选择其中一个袋子，并从里面取出若干筹码。

③询问受试者，取出筹码的袋子是"1 号袋子"的概率，受试者的回答为 50%。

④告知受试者，在所选的 12 个筹码中，8 个是黑色的，4 个是绿色的。

⑤再次询问受试者，取用"1 号袋子"的概率。

这时，许多受试者回答说，取用"1 号袋子"的概率在 70% 到 80% 之间。然而，利用贝叶斯定理推导出的取用"1 号袋子"

的概率为 97%。（图 1）

也就是说，由于 12 个筹码中有 8 个是黑色的，所以取用"1 号袋子"的概率应该很高。但是很多人被从两个袋子中选择一个的概率为 50% 这一最初的事实所影响，因此给出的概率比实际的概率低。有鉴于此，有人指出人类信念的修正非常保守（Edwards，1968）。

图1　什么因素导致人们给出了比较低的概率？

准备两个外观相同但装的东西不同的袋子。

1 号袋子　　　　2 号袋子

●×700　　　　●×300
●×300　　　　●×700

随便选择一个袋子，询问受试者该袋子是"1 号袋子"的概率。

1 号袋子的概率是 50%。

告诉受试者，从袋子中取出的黑、绿筹码的数量。

黑色筹码 8 个　　　绿色筹码 4 个

再次询问受试者此袋子是"1 号袋子"的概率。

70%~80%？

其实取用 1 号袋子的概率为 97%。

## 修正信念很困难

在上一节中，我们讨论了**信念偏见**。即便是错误的结论，只要其符合自己的信念，我们就认为它是正确的，由此可见信念是多么坚定。但是，即使你陷入了信念偏见，只要冷静下来保持逻辑思维清晰，你就有可能认识到这一点。

不过，修正信念却并不像我们想象得那么简单。

在我看来，这至少有以下两个原因。

- 进化论的原因。
- 通常很难轻易决定该修正哪些信念。

## 看似顽固的人也会随着时间的推移而改变

许多人都有过这种经历：父母最初反对他们的婚姻，但最终却同意了。起初，父母表示绝不会同意这桩婚姻。然而，两个人的认真态度使父母最终松口："好吧，既然你们两个人那么爱对方……"

知道信念的修正是一个渐进的过程，能为我们构建良好的人际关系提供一个很好的启发。

对说服者来说，知道即使是最顽固的人也有可能愿意改变他（她）的想法，哪怕只是慢慢地改变，这也是一种安慰。

即使对方不理解你，你也可以乐观积极地对待，因为通过坚持不懈的努力，你有可能改变对方的想法。

与计算机不同，人类每天都在以自己的方式更新自己。

Commonsense Reasoning

# 常识推理

| 含义 | 人类在日常生活中所做的推理。 |

| 关联 | 信念保守主义（→第 74 页） |

## 当得知企鹅是鸟类时，你一定很惊讶

小时候，在知道企鹅是鸟类时，许多人都非常惊讶吧。

"不对，企鹅不是鸟。因为它们不会飞，还在海里游泳……"当时，我们认为鸟类都会飞，所以很难接受企鹅是鸟的说法。

其实，人都有某种目的，为了实现这一目的，我们会从可行的方式中选择最合适的手段。这是人类的一个特征，在日常生活中，这种面对我们周围或自身所处的情境、环境时的反应进而使用的逻辑被称为常识推理。在这种情况下，"通常情况下鸟都会飞"这样的一般性知识，以及我们在日常生活中形成的"通常是这样"的想法等也被作为推理的依据。

这种能力在社会生活中发挥着非常重要的作用。对于我们来说，"我们应该排队等车""我们应该尊重长辈"等想法构建了良好的社会秩序。在日常生活中，我们也使用常识推理与周围的人建立良好的关系。

请你考虑下面这个例子。休息时间，你想为自己泡一杯咖啡。在你的办公桌旁边，一位前辈同事整个上午都在努力准备明天演讲的材料。于是你想：我也给他泡一杯咖啡吧。他经常喝黑咖啡，所以给他一杯黑咖啡应该没问题。这样想着，你把咖啡拿给了他……

你：前辈，我冲了咖啡，您喝一杯吧？

前辈：哦，谢谢你。

你：是您经常喝的黑咖啡。

前辈：谢谢。但今天有点累了，更想喝甜一点的。谢谢你，我就不客气了。

正因为是出于善意的行为，你的内心会深受打击吧。

但是，如果知道我们通常会无意识地使用常识推理这一事实，那就可以时时更新常识推理所需要的信息，这样就能更好地考虑对方的感受，更好地体谅对方。

## 常识推理对于人工智能也是必要的

常识推理不仅会使用**肯定前件**这类的推理规则，还会使用一般知识。

常识推理等推理形式已经成为人工智能（AI）设计中不可缺少的一部分，给计算机写入我们平时使用的知识也逐渐成为可能。

例如，本节开头企鹅的故事就是使用分类学结构展开推理的一个例子，我们都知道，计算机中已经可以安装这种使用分类学结构的程序。

## 人类思维的复杂性

如今，计算机代替人工为我们做了很多工作。有些人可能认为，这说明计算机可以做人类能做的所有事情（至少在未来某个时候可能实现）。但事实上，这并没有那么简单。

因为原本就是人类在编写计算机程序，并设计机器人。

即使是在做常识推理时，我们也并不完全清楚如何让计算机实现人类思维包含的一些推理。这足以说明我们的思维和推理结构是多么复杂。

正因为如此，我们才会说其中可能隐藏着我们称之为"人性"的东西。

## "人性"对人工智能来说是不可理解的吗

人工智能研究领域可能出现的一个问题是：机器可以成为道德主体吗？［例如，假设在战争中使用杀人机器（战争本身就是非常特殊的情况）。如果机器真的杀了人，它是否会被指控为凶手并被追责？杀人的确实是机器，但一定有人在操作它。］

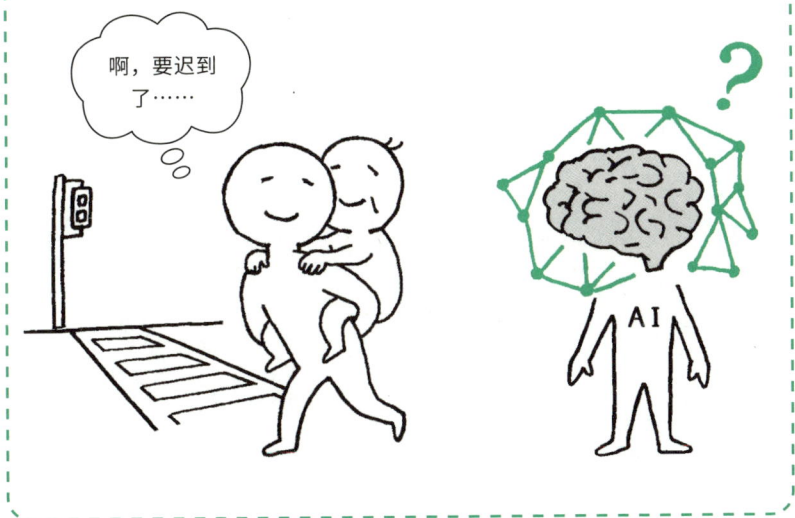

图1　不合理的文化、社会、行为才是人类的本性？

啊，要迟到了……

AI

　　这个问题中还隐藏着一个重要的观点，即如何看待人类和计算机之间的区别。

　　我们不会在本书中详细讨论计算机作为道德主体会是什么样子的，但人类和计算机之间的区别，除了推理结构的不同、作为道德主体的区别，你还能想到哪些？希望大家也认真思考一下。（图1）

# PART II

## 认知科学视角的
## 认知偏差

为什么同样长度的东西看起来却不一样长呢？
为什么我们能在嘈杂的地方分辨出某种特定的声音？
当我们研究其背后的机制时，许多看起来类似大脑"故障"
的现象就会变得更加清晰。
在第二部分中，我们将根据这些现象，解释我们如何感知
世界及顺利度过每一天的技巧。

我们的感官搜集的是适应性，而不是真理。

## 21

Müller-Lyer Illusion

# 米勒–莱尔错觉

| 含义 | 一种错视图形，将不同方向的箭头标在同样长度的线段上后，线段的长度看起来不同。 |

| 关联 | 鸭兔图（→第 88 页） |

## ▌研究错觉的意义

　　在日常生活中，我们经常经历各种错觉。"错觉"一词特指能够"看到"的错觉，视觉上产生的错觉。

　　目前为止，有许多关于错觉的研究。这是为什么呢？一个原因可能只是因为它吸引了许多人的注意（有人可能非常喜欢利用错觉艺术吧）。但还有一个更重要的原因。提到错觉，大家经常把它与错误联系在一起，认为是对我们所看到东西的误解。但是，不要认为错觉是一个错误，而应该思考它为什么会发生。这样，我们就能思考我们理解周围环境的心理机制。

　　为了让大家体验一下，我想先介绍一个你可能见过的 100 多年以前提出的著名错觉图形。

## 哪条线看起来更长

图 1 所示的错觉图形中，一条线段的两端是向外的箭头，另一条线段的两端是向内的箭头，尽管两条线段的长度相同，但看起来却不一样长（Müller-Lyer, 1889）。这种图形被称为米勒–莱尔错觉图形。

即使在已经知道两条线段长度相同的情况下仔细观察图 1，结果也还是一样。

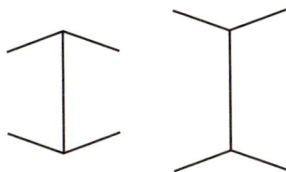

图1　米勒–莱尔错觉图形

参考：Richard Gregory, "Knowledge in Perception and Illusion," Philosophical Transactions of the Royal Society of London, Series B, Biological Sciences: 352,1121-1127, 1997.

## 三维世界的独特视角

为什么仅仅在线段上加上箭头，人们就会"错误"感知线段的长度呢？

这与在三维空间中对物体的感知有关（Gregory, 1997）。

让我们再看一下图 1，这次是作为三维景观的一部分来考虑。

图 1 左边的图看起来是从围墙外的街道上看到的房屋墙角。右侧的图看起来是从房间内看房间角落。换句话说，我们可以将其分别表述为：左图显示的是"物体从前面伸出的一角"，右图显示的是"物体从里面缩回的一角"。

用专业术语来说，这叫作透视深度线索。左图的线似乎正在接近我们，被认为是更近的，而右图的线似乎正在远离我们，被认为是更远的。

在三维空间中，前景物体和背景物体的线段长度相同，这意味着什么呢？

图 2 中，作者在照片前面的角和后面的角上画上了相同长度的线段。视网膜上的"相同长度"并不意味着现实生活中三维空间的"相同长度"，很显然，更靠后的线段更长是很正确的判断。

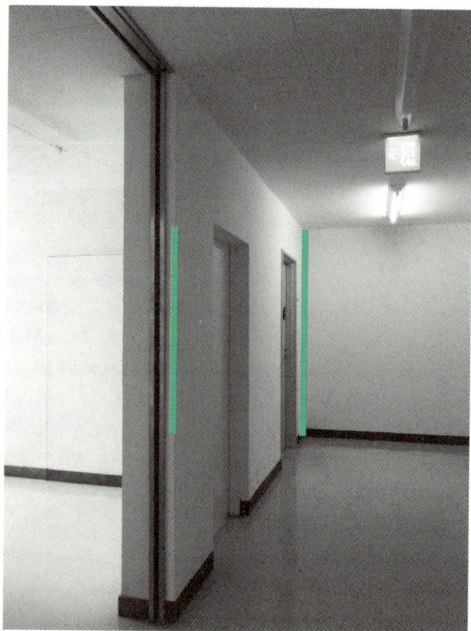

图2 三维空间中的感知

## 在我们生活中非常有用的错觉

利用米勒－莱尔错觉原理，
当你张开双臂和双腿时会看起来更大？

所有这些都表明，即使是在平面上画的简单图形，我们也能立即感知到物体的深度和大小，就像它是在三维空间中构建的一样。

日常生活中也经常潜藏着米勒－莱尔错觉。例如，有报道称，手球门将采取与米勒－莱尔错觉相似的姿势时，罚球的位置会发生改变（Shim, et al, 2014）。

我们会默认以三维的方式感知所看到的事物，而不必每次都判断其是否是三维的。我们这种看待事物的方式，有助于我们每天在三维世界中顺利行事，避免危险。毕竟，我们可以直观地把握物体的大小，而不必计算物体在我们视网膜上的大小或我们与物体之间的距离。

"我们的感官搜集的是适应性，而不是真实。"（Hoffman, 2019）我们的所见所闻并不总能反映客观的物理环境。然而，如果理解了产生这种看似"错误"的感知机制，我们会惊讶地发现，感知机制通常能有效地帮助我们感知周围的环境。错觉是反映人类思维工作方式的一面镜子。

看起来像兔子还是鸭子？是什么影响了我们的判断？

Rabbit-Duck Figure

# 鸭兔图

**含义** 一个既可看作是一只朝右的兔子，也可看作是一只朝左的鸭子的反转图形。但不能同时看到兔子和鸭子。

**关联** 米勒-莱尔错觉（→第 84 页）

## 你看到的是一只兔子还是一只鸭子

首先，请看图 1（Jastrow, 1900）。它看起来像什么？

该图似乎是一只朝右的兔子，也似乎是一只朝左的鸭子。这个图被称为**鸭兔图**，这种可以用两种视角看的图形被称为**反转图形**。

但我们不能同时看到兔子和鸭子。

如果你把图 1 的左边部分看成是长耳朵，那你把它看作喙的视角就暂时消失了。

请你在看图的同时，尝试交替看到兔子、鸭子、兔子。你会体验到，我们"看到的"东西其实是"我们的头脑解释的结果"，而不是我们看到的真实情况。

图1　鸭兔图

Joseph Jastrow, "Fact and Fable in Psychology," Houghton Mifflin and Company, Boston and New York, 1900.

## 你看到的是 B 还是 13

根据以下论文设计的著名图形：
Jerome Bruner and Leigh Minturn, "Perceptual Identification and Perceptual Organization," *The Journal of General Psychology:* 53(1), 21-28, 1955.

我们看待事物的方式取决于我们的经验和周围的环境。

在一次实验中，在 10 月展示鸭兔图时，大多数儿童都认为是鸭子或鸟，而在复活节（3~4 月）展示该图时，大多数儿童都认为是兔子，这显示出统计学上的明显差异（Brugger and Brugger, 1993）。在年龄较大的受试者（11~93 岁）中也发现了同样的反应差异。

这种现象叫作语境效应，目前针对这一现象已开展了各式各样的研究。

最早的一个实验使用了书写方式有些杂乱的阿拉伯字母 B（Bruner and Minturn, 1955）。结果表明，当字母 B 呈现在两个字母之间时，受试者认为是 B，但当它呈现在两个数字之间时，受试者认为是 13。

## 产生反转的自上而下的加工和自下而上的加工

在上述实验中，在复活节展示图形的条件下，受试者利用现在是复活节这一知识，还有复活节与兔子有关这一经验，在复活节时更容易把这个反转图形看作是兔子。

这种利用环境、知识和经验等来感知物体的思维过程被称为自上而下的加工（或概念驱动加工）。

这是一种日常做法，但它也可能导致错误。

例如，假设你听说某个地方到了夜晚，柳树下就会出现幽灵。然后，当你不得不在晚上经过那里时，你的思想就会被可能出现幽灵的想法所占据。在这种状态下，仅仅听到一点风声你可能就会吓得缩成一团，也可能误认为摇曳的柳树就是幽灵。

另一种，不依靠知识来感知对象的思维过程被称为自下而上的加工（或数据驱动加工）。

在兔子和鸭子这两个视角之间切换的反转是上述两类加工方式相互作用的结果。但婴儿很难看懂这种反转图形。

## "反转"你的观点，看清看不见的东西

在一张图形中不能同时看到兔子和鸭子，但如果将两张相同的图形并排显示，情况会如何呢（图2）？

图2　两张并排的鸭兔图

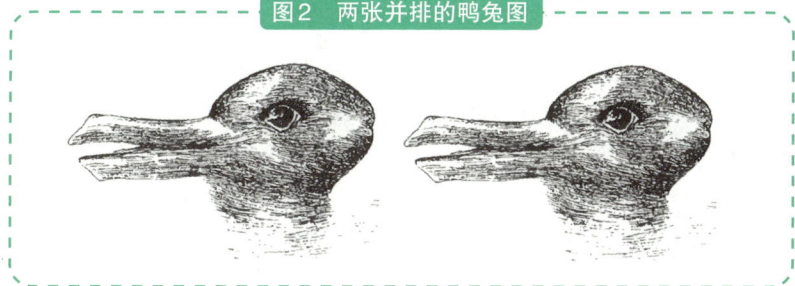

在一个实验中，当把两张鸭兔图并排展示给受试者时，结果只有 2.3% 的人自发地把其中一个看作兔子，另一个看作鸭子。然而，当受试者被要求有意识地这样看时，这个比例上升到了 61.9%。此外，当提示"鸭子要吃兔子"时，许多受试者（86.6%）能同时看到兔子和鸭子。

正如这个实验展示的结果一样，有时候，一点儿暗示就能改变我们看待事物的方式。如今，我们被信息所包围，可以用任何方式解读这些信息。特别是，人们倾向于只看自己想看的东西。有些时候，不可靠的信息来源能够以假乱真，显得很可信。例如，谣言在社交网站上快速传播，或者某个名人的"不良行为"被炒上热搜，这些都有可能是固守一个观点的结果。

为了在信息社会中生存下去，我们必须时时注意，思索自己是否被某种特定视角所束缚，并在必要时"反转"我们的观点。

# 23

把不属于自己身体的人造物体识别为自己身体一部分的神秘现象。

## Rubber Hand Illusion

# 橡胶手错觉

| 含义 | 当你把自己的一只手藏起来，触摸面前与你的手一模一样的橡胶手时，你会觉得那只橡胶手是自己的手。 |

| 关联 | 麦格克效应（→第 96 页） |

## 为什么你会觉得一只橡胶手是你自己的手

在此先介绍一个 1998 年报道的奇怪现象。

在一项实验中，受试者坐在桌子前，左手放在桌子上（Botvinick and Cohen, 1998）。实验者在受试者左臂附近放置一个隔板，这样受试者就看不到自己的左臂；此外，把一个橡胶"左臂"摆放在受试者面前的桌子上，保证受试者能够清楚看到（图 1）。当受试者注视着橡胶手时，实验者用两支画笔同时触摸橡胶手和受试者的真手，持续 10 分钟。

渐渐地，受试者感觉橡胶手就像他们自己的手一样，当面前的画笔触摸橡胶手时（尽管他们明白画笔实际上是在触摸他们隐藏在隔板后面的真手），他们产生了错觉，仿佛橡胶手本身也获得了触觉。

研究还表明，在用画笔触摸两只手时，如果不是同时触摸，画笔的笔触之间出现微小差异时，错觉的发生率会从 42% 下降到 7%。这种现象被称为**橡胶手错觉**。

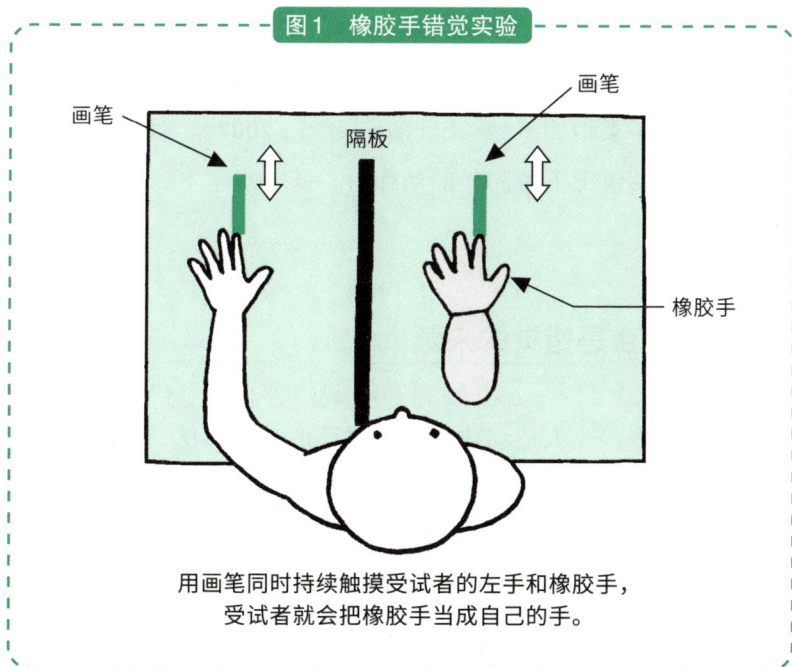

图1 橡胶手错觉实验

画笔　隔板　画笔

橡胶手

用画笔同时持续触摸受试者的左手和橡胶手，
受试者就会把橡胶手当成自己的手。

在这个实验中，所有受试者在看到一只橡胶手被画笔触摸时，都觉得被触摸的是自己的手。

然而，仅此并不能证明受试者真的觉得橡胶手是"自己的手"。在某些情况下，受试者意识到了实验的目的，从而给出了实验者希望他们给出的答案。

因此，实验者要求受试者闭着眼睛，将他们在实验中没有使用的右手移到桌子下面，指向桌子上他们真正的左手的位置。结果发现，在经历了错觉之后，受试者的右手更多地向橡胶手方向转移，而且转移的角度与受试者经历的错觉持续时间成正比。

一项使用功能性磁共振成像（fMRI）的研究发现，在受试者处于橡胶手错觉的状态下，实验者向受试者展示了把一根针刺入橡胶手的动作，进而检测到与焦虑有关的大脑活动，就像受试者的真手受到了类似的威胁（Ehrsson, et al., 2007）。而在没有产生橡胶手错觉的情况下做同样的动作时，基本观察不到与焦虑有关的大脑活动。

## 多感官整合是错觉的来源

竟然会将一个人造物体感知成自己的身体部位，这听起来像是科幻电影《阿凡达》中的情节。但这其实与我们每天都在经历的现象——多感官整合——有关。

我们的感官包括大家熟悉的视觉、听觉、嗅觉、味觉、触觉（更广泛的说法是"皮肤感觉"）和包含运动感觉在内的自我接受的感觉。我们会将这些感官信息结合起来，迅速而准确地感知周围的事物。（图2）

一个熟悉的例子是我们吃东西时感受到的味道。味道的体验不仅包括味觉，还包括气味（嗅觉）、外观（视觉）、质地和温度（触觉），以及咀嚼时发出的声音（听觉）等。

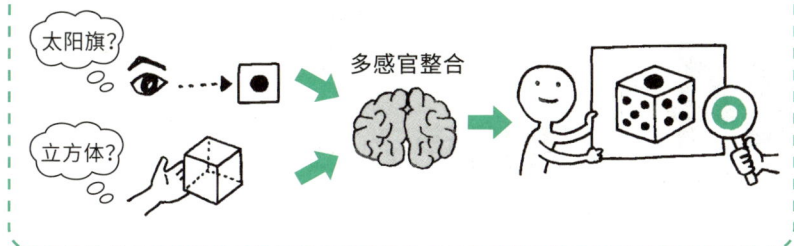

图2 多感官整合概念图

在橡胶手错觉中，同时出现了两种情况："我看到和我的左臂一模一样的橡胶手臂被人用画笔触摸"（视觉）和"我感觉到我真正的左臂被人用画笔触摸"（触觉），这促进了视觉和触觉的整合，从而产生了橡胶手是我的手的错觉。

## 延伸的自我

橡胶手错觉现象揭示的一个重要问题是，我们感知为"我们的身体"的物体通过整合来自视觉和触觉等多种感官信息而不断地被重新创造，它比我们通常想象得要动态得多。

换句话说，一个人的身体感觉是可以自由延伸的。

身体感知和运动主体感的问题，与幻肢（感觉在事故中或因疾病而失去的肢体仍然存在）和灵魂出窍体验等已知的现象及虚拟现实（VR）技术等新课题都有关系，目前仍在研究之中。

人们很难从与自己不同的状况和角度来思考问题，但通过将这些新技术应用于教育，人们可能会将一系列问题视为"自己的事情"并积极考虑对策。

佩戴口罩时展开对话和远程会议存在意想不到的风险……

McGurk Effect

# 麦格克效应

| 含义 | 当听到的声音与同时看到的与此声音不匹配的说话者嘴部动作视频一起出现时，就会把呈现的声音误听成别的声音。 |

| 关联 | 橡胶手错觉（→第 92 页） |

## 听觉不是处理声音的唯一方式

自从新型冠状病毒在全球暴发以来，街上的每个人都戴上了口罩。

这样一来，双方都看不到对方的嘴部，这对我们会有怎样的影响呢？

"Healing lips and seeing voices"是 1976 年发表的一篇论文标题（McGurk and MacDonald, 1976）。

在面对面的交谈中，听者自然可以看到说话者的嘴部动作。尽管如此，当时人们认为语音感知完全取决于听觉信息处理过程。该论文的作者对此提出质疑，并在幼儿、儿童和成人身上做了以下实验。

实验使用了一段录像，其中一名女性重复说一个音节（如 ga、ga……），随后用不同的声音配音（如 ba、ba……）。

然后要求每个受试者先"只听"上述音频，然后再看着视频听音频，看他们的听力是否有变化。（图1）

结果显示，所有年龄组的大多数受试者在听到"仅有音频"的版本时，都能正确地听取音频内容。但当音频伴随着视频，视频中的嘴部动作与音频不一致时，错误率会变高（幼儿为59%、儿童为52%、成人为92%）。

许多受试者报告说，他们听到的声音与"实际播放的声音"

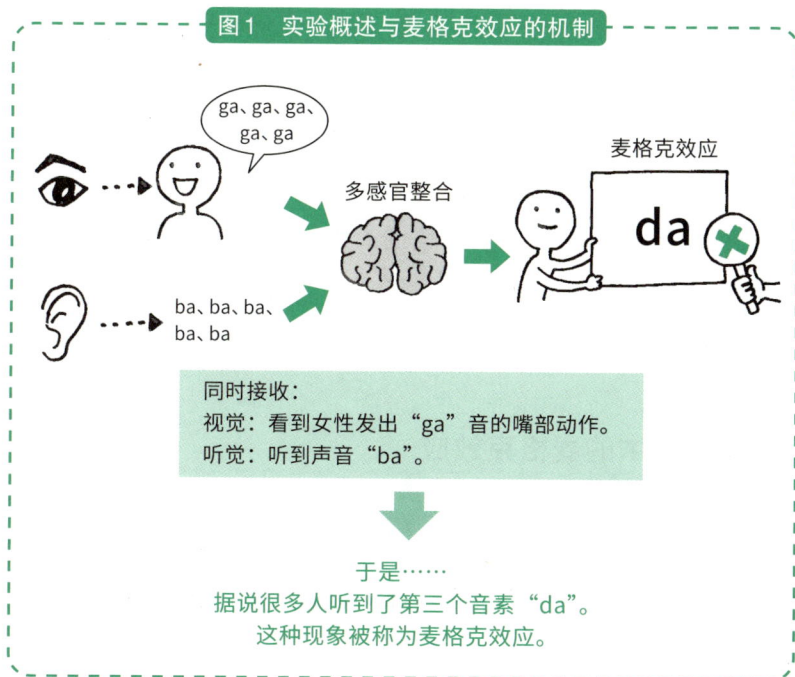

图1 实验概述与麦格克效应的机制

ga、ga、ga、ga、ga

多感官整合

麦格克效应

da

ba、ba、ba、ba、ba

同时接收：
视觉：看到女性发出"ga"音的嘴部动作。
听觉：听到声音"ba"。

于是……
据说很多人听到了第三个音素"da"。
这种现象被称为麦格克效应。

不同。特别是，许多受试者（81% 的幼儿、64% 的儿童和 92% 的成人）报告说，当一个人做嘴部动作（ga）的视频被配音为 "ba" 时，他们听到了与 "ba" 和 "ga" 都不同的第三个音素 "da"。

## 产生麦格克效应的多感官整合

上述结果表明，在听声音时，我们会无意识地使用非听觉信息作为线索，如讲话人的嘴部动作等，整合这些不同信息，就是我们 "听到的声音"。

这种现象被称为麦格克效应，它是多感官整合的一个例子，其中视觉信息影响语音感知，但视觉信息并不总是比听觉信息更占优势。

也有一些研究关注文化和习惯上的差异，指出与其他国家相比，以日语为母语的人发生麦格克效应的概率相对较小。

最近的一份报告显示，以日语为母语的人更多地依靠听觉信息来感知语音，而以英语为母语的人则会更多地观察说话者的嘴部动作，并利用这些动作来预测下一个要发出的声音（Hisanaga, et al., 2016）。

## 日常生活中的麦格克效应

本来，麦格克效应实验中所使用的说话人的嘴部动作和说话声音之间的差异并不是日常发生的，其声音和动作之间的差异是 "人为" 制造的。

不过，现在的情况与当年实验时已经大不相同，这样的情况已经屡见不鲜：网络摄像机的音频延迟，外国电影或动画的本土配音，编辑视频录像时声音的错位，或者偶像唱歌时的"对口型"。

这些场景在许多情况下不会引起不适，这可能是腹语效应的结果。腹语效应是指当呈现的声音与木偶的嘴部动作配合一致时，人们会觉得声音来源于木偶的嘴巴。

这种现象涉及视觉信息和听觉信息的同步（而不是错位），但如果口型与声音不同，即使它们在时间上是同步的，也可能会出现麦格克效应，给观看者带来不适。

此外，即使人们不依靠"嘴部动作"就能听懂对方说的话，但戴着口罩对话也可能让对方觉得比他们想象得更"难以听懂"。这是因为，除了没有关于嘴部运动的视觉信息，发音也会不太清晰，声音也会减弱。因此，戴着口罩时，可能需要比平时说得更清楚、更大声一些。（图2）

这些研究还说明了一个事实，即我们倾向于认为，利用看、听、触摸等独立的感官就可以准确地把握周围的环境。

然而，我们的体验实际上只不过是利用所有感官，对得到的信息加以"解释"的结果。

图2　召开需要戴口罩的在线会议时，一定要多加注意！

潜意识会暗中影响我们的偏好和决定。

Subliminal Effect

# 潜意识效应

| 含义 | 即便是几乎感知不到的简短影像或极低音量的声音，也会在不知不觉中对看到或听到的人产生影响。 |

| 关联 | 吊桥效应（→第 104 页）、纯粹接触效应（→第 166 页） |

## 潜意识的感知会对决策产生影响

我们每天都会做出许多决定。

例如，在商店里看到许多类似的商品时，我们会选择其中一种来购买。我们选择某个商品的理由只能表述为"觉得不错"，但硬要说的话也可能是"喜欢它的包装"或"看起来质量不错"。

但这是真正的理由吗？有没有可能我们在不知不觉中为自己的行为提供了合理的理由？

实验者设计了这样一个实验。向受试者展示 2 个多边形，并询问他们更喜欢哪一个。你或许会觉得这个问题很奇怪，但受试者似乎是按照某个规则来回答这个问题的。

事实上，实验者事先向受试者展示了一个多边形，但展示时间仅为 0.001 秒。虽然展示的时间太短，受试者没有意识到自己已经"见过"，也不记得自己已经看过这个多边形，然而，在回答上述问题时，受试者还是选择了事先呈现给他们的那个多边形。

这一结果与人们的潜意识认知有关。

## 潜意识认知具有影响力的条件

上述是一个关于阈下纯粹接触效应的实验（Kunst-Wilson and Zajonc, 1980）。阈下（subliminal）是指声音、光线、图像、味道、触觉、气味等强度非常小，以至于没有进入人的意识的一种状态。

具体来说，如果一个大约 0.05 秒时长的影像勉强让人觉得在一瞬间看到了什么，那么任何比这一时长更短的影像对这个人来说都是潜意识影像，他（或她）不会觉得自己"看到"了。

这种现象的产生条件是什么呢？一份报告显示，在实验中呈现某一物体的时间短于一秒钟，而且同一物体没有被重复展示，那么这种效应就会更强烈（Bornstein, 1989）。

相反，当受试者"意识到"呈现的物体时，就不容易出现潜意识效应。

## 著名的"实验"及其影响

"潜意识效应"一词已被广泛用于描述这样一种现象：以难以

察觉的时长或音量展示影像或声音，会增加与展示内容相关产品的购买欲望。

然而，真实情况并非如此。下面介绍一个引起这种误解的著名实验。

该实验是由一个广告商设计的。他声称，在电影放映期间，在电影里悄悄加入"请喝可口可乐""请吃爆米花"等信息，并在一瞬间（0.003 秒）重复播放，可以增加这些产品的销量。（图 1）

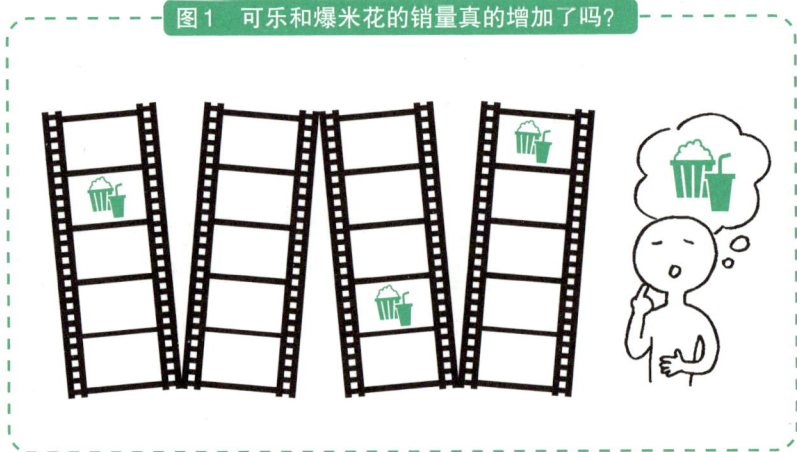

图1　可乐和爆米花的销量真的增加了吗？

事实上，这个"实验"甚至没有把"没有潜意识信息"和"有潜意识信息"的条件加以比较，也没有关于该实验细节的记录。有人认为，执行了实验这一说法本身就是错误的，因为当时还没有开发出投射 0.003 秒影像的精湛技术（铃木，2008）。

然而，这个实验的影响迅速蔓延到世界各地，现在日本也禁止在电视节目中使用潜意识的呈现方式。

## 影响好恶的意外因素

从这个糟糕的细节中我们可以看出，潜意识的刺激不具有让人们立即去购买某种东西的效果。

此外，正如本节开头的实验所显示的，阈下刺激带来的潜意识影响现在仍需进一步研究。

例如，有研究表明，我们不仅将潜意识中呈现的物体感知为"喜欢"，还会将旋律感知为更"连贯"，将颜色感知为"更明亮"，如此等等。

大家熟知的知觉流畅性错误归因理论就是解释该现象的理论之一。知觉流畅性指的是我们对以前见过的事物（即使我们已经忘记了）再次感知时的流畅性。其原理是，人们会把这种"看到物体时的流畅性"误解为"我喜欢它"或"它很阳光"。（图2）

如上所述，我们潜意识接受的信息会对我们的偏好和决定产生意想不到的影响，我们应该意识到这种影响及其危险性。

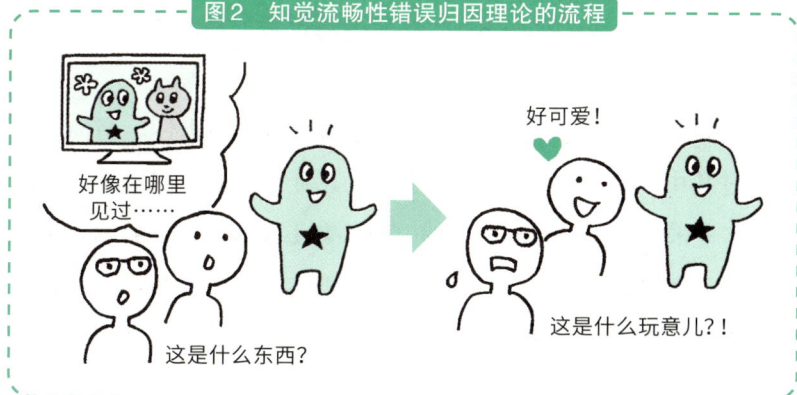

图2　知觉流畅性错误归因理论的流程

这种情绪是恐惧？愤怒？还是恋爱的感觉？我们甚至会误解自己的情绪。

# 26

Suspension Bridge Effect

# 吊桥效应

| 含义 | 当人们处在容易导致心跳加快的情境中时，比如身在吊桥上，此时旁边有一位异性，人们就会把心跳的感觉误认为是恋爱的感觉。 |

| 关联 | 潜意识效应（→第 100 页）、纯粹接触效应（→第 166 页） |

## 使用吊桥的实验

　　首先，我们要介绍一下命名**吊桥效应**这个名称的一项研究（Dutton and Aron, 1974）。这个实验的舞台是加拿大的两座桥（一座是吊桥，一座是固定桥）。

　　实验的对象是年龄在 18~35 岁之间的路过的男性。当他们开始穿过其中一座桥时，一名采访者会主动上前跟他们搭话。实际上，这个采访者是预先安排好的，但其并不知道这个实验的真正目的。在对方回答完问题后，采访者会给对方一张写有自己姓名和电话号码的纸条，并告诉对方稍后可以给自己打电话，以便对研究做更详细的说明。

展开这项研究的心理学家认为，通过比较两座桥上后来打电话的男性比例，就可以研究"男性对采访者魅力的感受度"的差异。

结果显示，实验后给女性采访者打电话的男性人数，从统计情况来看，吊桥条件下要高于固定桥条件下。而实验结束后，给男性采访者打电话的男性人数则没有这种差别。

这表明，实验对象把在吊桥上因恐惧产生的心跳误认为是对异性的恋爱感情。（图1）

但是，这个实验也有一些问题。

例如，用"计算来电人数"来衡量采访者的吸引力是否合适？有什么证据可以证明恐惧是由吊桥的摆动引起的？等等。

然而，在此实验中，实验者也利用调查问卷的方式测试了异

图1　什么是吊桥效应

他好帅！

我可不恐高。

把因恐惧产生的心跳加速误以为是恋爱的感觉。

性吸引力和焦虑情绪，实验结果支持了吊桥实验的说法。

## 日常生活中的类似现象

虽然吊桥效应经常围绕恋爱这一话题展开讨论，但类似的"误解"也经常发生在各种日常场合。

例如，假设早上上学前，你与父母发生了一点儿争执。

但是，在休息时间，你已经忘记了早上的争吵，偏偏这时你的朋友过来恶作剧。要是平时的话，你会和他一起笑笑了事，但那天你却笑不出来，并对你的朋友的做法感到很生气。

那么，此时的"愤怒"真的是由朋友的恶作剧引起的吗？事实上，你可能把早上与父母争吵引起的感受误认为是朋友恶作剧的缘故。

再比如，明天早上你有一场重要的考试，但晚上你却特别清醒，睡不着觉。

此时，如果给你一种安慰剂（实际上不含任何药物成分），并解释说这是一种"放松药物"，或者给你一种安慰剂，并解释说这是一种"清醒药物"，你觉得服用哪种"药物"后你会睡得更好呢？

事实上，一项针对失眠症患者的研究发现，服用所谓"清醒药物"的患者比没有服用的患者能够更快入睡（Storms and Nisbett, 1970）。而服用"放松药物"的患者甚至比没有服用的患者需要更长时间才能入睡。

对于那些熟悉安慰剂效应（尽管服用的不是"药物"，但感觉自己的症状得到了改善）的人来说，这可能是一个令人意外的结果。

不过，我们可以将这些结果看作发生了类似于吊桥效应中的"误解"，这样就能解释得通了。

也就是说，服用"清醒药物"（实际上是一种安慰剂）的失眠者认为，他们的症状是由"清醒药物"引起的，所以不再责怪自己睡不着或变得情绪化，反而更放松了。

这种现象与安慰剂效应的解释正相反，所以被称为反向安慰剂效应。

## 误解"自己的感觉"

像吊桥效应和上面列举的日常生活中的例子那样误解自身状态的现象，后来被称为错误归因。

一项使用了具有生理兴奋作用的肾上腺素的实验（Schachter and Singer, 1962）开创了错误归因研究的先河。

这个实验的主要目的，是比较那些被告知药物有兴奋作用的受试者和那些没有被告知的受试者之间的不同。结果显示，小组中那些事先没有被告知药物效果的人（由于他们不能正确地将自己的兴奋归因于"药物"）错误地将自己的兴奋归因于自己的"感觉"，并报告说他们感到更加不安和愤怒。

从反向安慰剂效应的例子中可以看出，错误归因并不一定是坏事。然而，如果我们误解了自己的情绪，就可能在不知不觉中受到情绪的影响。

## 认知科学视角

# 27

Cognitive Dissonance

# 认知失调

| 含义 | 内心同时有多种不一致的意见，比如真实想法和实际行为之间相互矛盾等。 |
|---|---|

| 关联 | 情绪一致性效应（→第 112 页） |
|---|---|

## 坚持工作到极限的人们

近年来，在日本，黑心公司和过劳死等越来越受到关注。

为什么人们在被逼迫到这种地步时也不能做出辞职的决定呢？了解了**认知失调**理论后，或许我们能够防止自己陷入这种境地。

首先，给大家介绍一个著名的实验（Festinger and Carlsmith, 1959）。在这个实验中，男性大学生被要求独自重复一项单调乏味的任务，持续一个小时。实验者还要求男学生告诉在另一个房间等待参加下一场实验的女学生，他们觉得这个实验非常有趣。此项工作的报酬从 1 美元到 20 美元不等，根据学生的情况确定。

在男学生告诉正在等候参加下一场实验的女学生（实际上是预

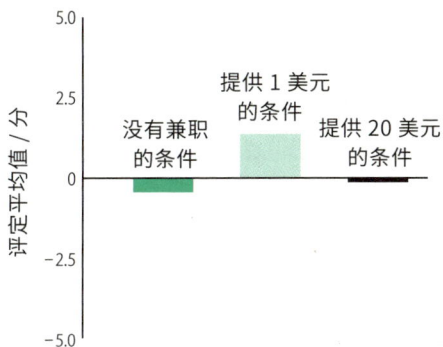

图1　关于"课题趣味性"的评定平均值

参考: Leon Festinger and James Carlsmith, "Cognitive Consequences of Forced Compliance," Journal of Abnormal and Social Psychology: 58, 203-210, 1959.

先安排好的人），自己觉得这项工作很有趣之后，会被带到一个单独的房间，然后被要求坦率地回答这项工作有趣在哪里，以便实验者将来改进实验设计。

事实上，实验者最关注的数据是最后一项：实验的有趣程度。在−5.0 分（非常无聊）到 +5.0 分（非常有趣）的范围内，参加实验的回答结果如图。在事先跟学生说明是做一份兼职工作并提供 20 美元作为报酬的条件下，与没有说明是兼职工作的条件相比并没有区别。而在提供 1 美元的条件下，趣味性的评分在统计上高于"没有兼职的条件"和"提供 20 美元的条件"。（图 1）

## 认知失调的产生机制

上述结果可能会让许多读者感到意外。本以为拿到的钱越多，人们对实验的态度就越积极，但事实上，只收到 1 美元的学生报告说，他们觉得工作更有趣。

事实上，根据认知失调理论可以预测出这个结果。男学生对工作任务有两种意见：他们自己内心的意见"很无聊"，还有他们被迫向女学生表达的"很有趣"。同时拥有这些相互矛盾的意见，这种奇怪的感觉会让人很不舒服（这种状态被称为失调）。

但如果有人给你20美元报酬，让你告诉别人这份工作很有趣，此时这种不协调的感觉就会减弱。因为20美元立即给你提供了一个"可以接受的理由"来解释上述奇怪的状态。"本来我觉得这份工作很无聊，但我得到了很多钱，作为回报，我就告诉她们这份工作很有趣。"

不过，只有1美元的报酬并不能成为你告诉别人这份工作很有趣的动机，而且这种失调的状态也没有得到缓解。于是，为了减轻失调的状态，你说"工作很有趣"在很大程度上改变了你对工作的原有看法。"我认为它很有趣，所以我也告诉别人它很有趣"。

## 黑心公司员工的想法

让我们回到本节开头提到的黑心公司的例子。当然，情况因人而异，但请你思考一下有没有这种可能：对于在苛刻条件下仍然坚持工作这件事，你给自己找了个理由，比如"这份工作很有价值"等。正如我们在实验中看到的那样，工作条件越苛刻，人们就越有可能将自己的想法调整为"这份工作很有趣"。（图2）

在这种情况下，疲劳感会在不知不觉中不断积累，在无法挽回之前（即你的想法被改变之前），希望你能尝试说出或在日记中记录下你的一切抱怨或担忧。

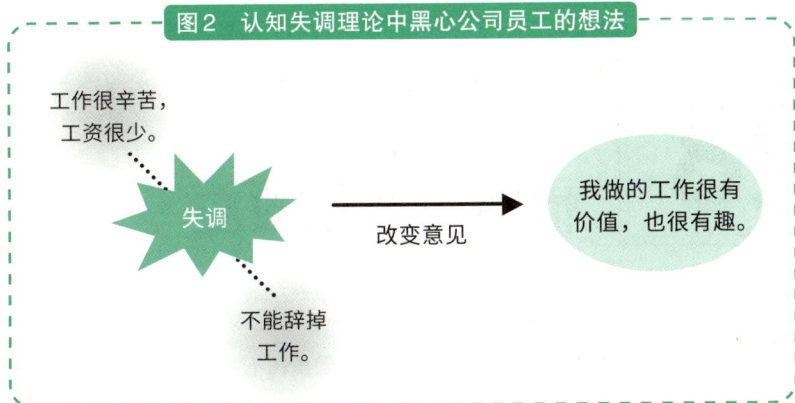

图2 认知失调理论中黑心公司员工的想法

工作很辛苦，工资很少。

失调

改变意见

我做的工作很有价值，也很有趣。

不能辞掉工作。

## 你的行为是你思想的一面镜子吗

最后，让我们换个角度对这一结果进行解释。

有时候，我们甚至会误解自己的感受。根据**自我感知理论**，我们只能从可观察到的线索（如暴力行为）来推断他人的状态（如愤怒）。但事实上，我们也同样经常根据自己的行为、周围人的反应等判断自己的状态。

从这个角度来看，在最后一次采访中，之所以有更多的学生说他们在报酬为1美元的条件下觉得工作更有趣，只是因为他们从之前的"尽管报酬只有1美元，但我还是告诉下一个参与者这份工作很有趣"这个可观察到的线索中推断出"我觉得工作有趣"。

也就是说，即使不用假设认知失调状态和为缓解这种状态而改变自己的意见这一过程，也能对实验结果做出合理的解释。

即使站在这样的立场上，在日常生活中用语言表达或用笔记下自己的不满（即将不满作为自己的可观察行为来表达）仍然是一种非常有效的方法。

# 28

不要让自己陷入只记得坏事的负面循环。

Mood Congruency Effect

# 情绪一致性效应

| 含义 | 当你消极失落的时候，你会只看到事情不好的一面，并且记得一清二楚。反之，当你积极快乐时，你会只看到并记住事情好的一面。 |

| 关联 | 认知失调（→第 108 页） |

## 为什么会感到越来越消极

你有过以下经历吗？

如果早上发生了一点儿不愉快，那你就会看到电视上播放的坏消息；当你遇到某人时，你看到的都是对方不好的一面；等你回到家后，你想到的也都是当天的负面记忆，感到越来越消极。

最后，你可能会觉得你的生活处处充满了不顺心的事情。

如上所述，我们往往会根据自己当时的心情来记忆、回忆和判断事情。这种情况被称为情绪一致性效应。（图 1）

这种现象不仅限于糟糕的情绪，快乐的情绪也会循环。但不难想象，"消极情绪"的循环会给人们带来更严重的问题。

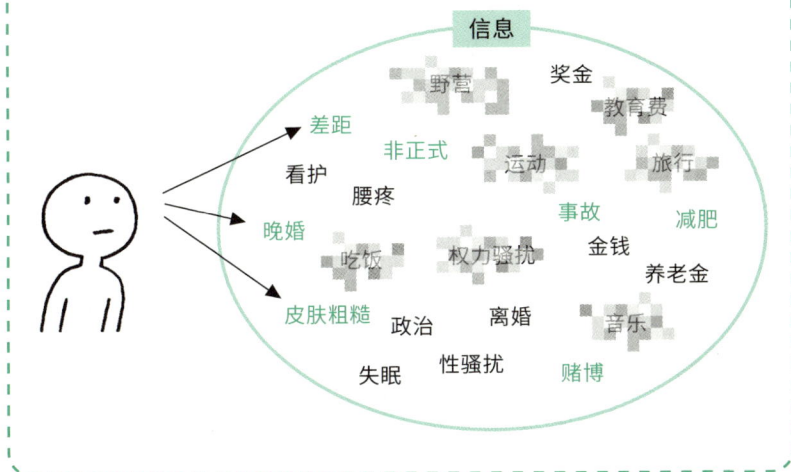

图1　人们更容易发现与自己的情绪一致的信息

信息

野营　奖金
差距　　教育费
看护　非正式　运动　旅行
腰疼
晚婚　　　事故　减肥
吃饭　权力骚扰　金钱　养老金
皮肤粗糙　政治　离婚　音乐
失眠　性骚扰　赌博

## 情绪一致性效应的实验

情绪一致性效应这种日常现象，也在心理学实验中得到了验证（Bower, et al., 1981）。

在这个以大学生为对象的实验中，学生们事先只被告知"要调查情绪对表达方式的影响"。

在实验的第一天，学生们通过催眠程序被诱导进入快乐或悲伤的情绪。然后，实验者让他们阅读两个故事，一个是生活得无忧无虑的安德烈的故事，另一个是因为一切都不顺利而感到沮丧的杰克的故事。

24 小时后，当学生们再回到实验室时，实验者要求他们尽可能详细地写下前一天所读故事的内容。

结果显示，在回想起的故事细节中，参与者回忆起故事的悲伤细节的比例存在统计学差异：被引导到快乐情绪的一组平均为45%，而被引导到悲伤情绪的一组平均为85%。

此外，在悲伤情绪中阅读故事的所有 8 名参与者对悲伤的杰克的记忆，要比对快乐的安德烈更加深刻（在快乐情绪中阅读故事的小组中，只有 3 个学生记住了更多关于悲伤的杰克的故事）。各组之间的总记忆量并没有差异。

当然，大家可能会有疑问，读故事的学生会不会只是因为对与自己情绪接近的出场人物产生了共鸣，从而更加认真地阅读了呢？

鉴于此，在同一篇论文中，实验者用一个角色先后经历快乐和悲伤的故事再次做了实验。该实验也同样显示，明显的情绪一致性效应是存在的，参与者在阅读故事时记住了更多与自己情绪相一致的内容。

## 是大脑中的某个网络机制导致了情绪一致性效应吗

这种效应是由什么机制引发的呢？对此存在多种说法。

其中最著名的是由设计上述实验的心理学家提出的网络激活假说（Bower, 1981）。上述实验的结果可以用这个假说做出如下解释。

如果实验中的一名学生被诱导到悲伤情绪中，这就激活了学生头脑中与"悲伤情绪"有关的概念。被激活的概念或与之相近的故事内容（例如，杰克被女朋友甩了）会被优先处理，记忆也会更深刻。

## 我们无法摆脱情绪一致性效应的影响吗

如果我们不能避免消极情绪的循环，生活将会变得索然无味。然而，也有一种现象被称作**情绪不一致效应**，可以帮助我们缓解负面情绪。

情绪不一致效应指的是，在情绪消极时，就回忆一下过去的愉快经历。（图2）

这表明，人在不开心的时候，也会以某种方式设法缓解不愉快的情绪，并积极调整心态，过好每天的生活。诸多研究表明，与积极情绪相比，消极方向的情绪一致性效应发生的可能性相对较小。

如果你意识到自己很失落，那你可以有意识地"调整心态"，例如给朋友打个电话，或者把你的难堪事当成笑话讲给家人，或者花点时间做你喜欢的事情。总之，要尽快调整情绪，以防陷入消极情绪的循环。

图2　当你情绪低落时，就利用情绪不一致效应吧

刻意接触与自己的情绪完全相反的
信息来切断负面循环！

对于初次到访的地方，却感觉以前曾经来过，这难道是前世的记忆吗？

# 29

*Déjà Vu*

# 似曾相识

| 含义 | 对于从来没有做过的事情，却感觉很熟悉，好像在哪里经历过。 |

| 关联 | 舌尖现象（→第 120 页） |

## 这里的风景好像以前见过

你是否有过这种感觉：确信自己从未做过的事情，却突然觉得以前曾经发生过。

法语 déjà vu 的意思是"已经见过"，也就是"既视感"。

这种似曾相识的现象并不局限于视觉，也可能发生在谈话中。有人可能有过这种神奇的体验：对于一个完全陌生的人，却莫名其妙地感觉认识对方。

然而，如果你了解了人类思维的运作方式，就能很好地解释这一现象了。

100 多年以前，这种现象就引起了研究者的兴趣。

然而，由于缺乏一个明确的触发因素，而且似曾相识是一种内部体验，并不伴随着可由第三方观察到的"行为"，这使得人们很难按照科学研究的方法解释它。

长期以来，不同研究者用于指称似曾相识现象的术语和定义各不相同，似曾相识一词似乎从 20 世纪 80 年代后期才开始在科学界被使用。直到几十年后，这个词才开始流行（整理自 Brown，2003）。

## 病理学还是日常生活

一直以来，许多研究都将似曾相识现象作为研究主题，认为它可能与离人症、精神分裂症、情绪紊乱和人格障碍有关。

另外，一些研究人员认为这是一种极其常见的现象，可能发生在任何人身上。

例如，一些著名的心理学家认为，似曾相识只是"记忆错误或错误感知"的结果（Titchener, 1928）。

在一项针对日本人的研究中，202 名本科生和研究生被问及他们对某地或某人的似曾相识经历，其中 72% 的人回答说有过这种经历（楠見，1994；整理自楠見，2002）。

表1　曾经经历过似曾相识现象的人的比例（%）

|  | 平均 | 中位数 |
|---|---|---|
| 全体 | 67 | 66 |
| 健康人群小组（32 项） | 68 | 70 |
| 患有精神疾病的小组（9 项） | 55 | 65 |

那么，患有精神疾病的小组和健康人群小组在似曾相识的体验方面有高低之别吗？根据不同研究人员对 41 项研究的总结，曾经经历过似曾相识现象的人的比例如第 117 页表 1 所示（Brown，2003）。

这意味着，无论有没有疾病或残疾，每三人中大约就有两人会在生活中经历似曾相识现象。

## "相似性"是触发似曾相识现象的原因之一

人们提出了许多理论来解释这一现象，下面介绍其中一种：相似性感知理论（楠見，2002）。

请看图 1 的右图。假设你正走在郊外小路上，此时你有一种似曾相识的感觉。

事实上，你确实见过类似的场景，只是它并未到达你的意识层面。但眼前的场景却触发了你对过去的无意识的回忆，从而产生了"怀旧"的感觉。（人类有两种信息处理过程：有意识的和无意识的。用心理学的术语来说，当我们能清楚地将这一经历与过去的记忆联系起来时，被称为"回忆"；而当我们有些怀念，但不能记住这一经历发生的时间和地点时，被称为"熟悉"。）

事实上，当大学生被问及他们经历过的似曾相识的地方时，超过 30% 的人提到了林荫道、古老的街道、公园、花园、学校建筑及寺庙和神社（楠見，2002）。这些场景在很多城市都可以看到，而且都很相似。这些地方都很符合发生似曾相识现象的条件。

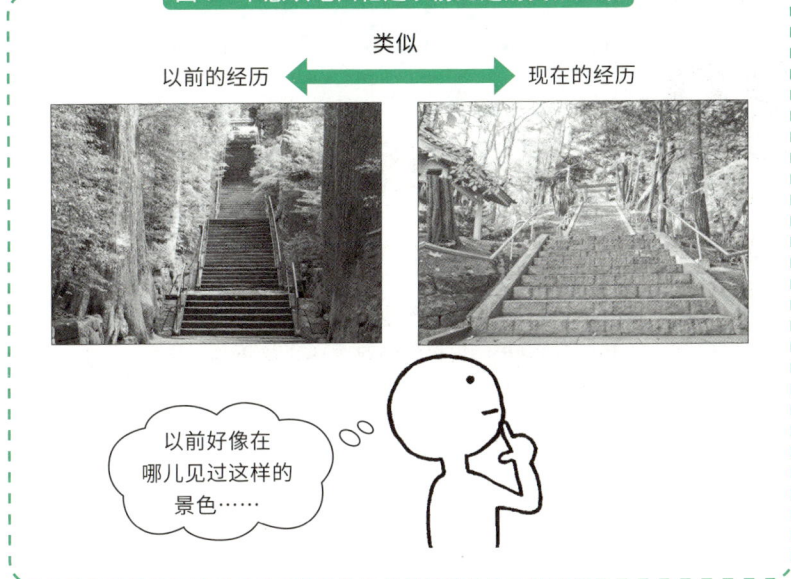

图1　下意识地回忆起以前见过的类似风景

类似

以前的经历　◀━━━━━━━▶　现在的经历

以前好像在
哪儿见过这样的
景色……

## 如果你有似曾相识的感觉，请不要担心

似曾相识是一种明显的心理现象，会发生在许多人身上，没
什么可担心的。它们并不神秘，也不是"前世的记忆"。

然而，如果你身边有人认为似曾相识是前世记忆的反映，也
没有必要强迫他们改变想法。选择什么样的生死观是个人的自由，
而且有一些研究表明，相信死后"转世"的大学生比不相信的大
学生更有生活目标感（大石ら，2007）。

也有人认为，似曾相识可能与压力和疲劳有关（整理自Brown，
2003）。如果你身边有人经常出现似曾相识的感觉，你可以建议他
们好好休息一下。

"那个，就是那个带'踏'的词……"——我们为什么会遗忘？

认知科学视角

# 30

Tip of the Tongue Phenomenon

# 舌尖现象

| 含义 | 差一点就能想起来，却怎么也想不起来的状态。因其英文为 Tip of the Tongue，也被简称为"TOT 现象"。 |
|---|---|

| 关联 | 似曾相识（→第 116 页） |
|---|---|

## 那首有名的歌，叫什么来着

明明知道，一时却想不起该怎么说，这种情况日语的说法是"卡在喉咙边"，英语的说法是"it's on the tip of my tongue"，即"就在舌尖上（但没有从嘴里出来）"。因此，在心理学上，这种现象被称为舌尖现象。

"舌头"的隐喻在英语之外的许多语言中也被用来描述这种日常现象（Schwartz, 1999）。例如，sulla punta della lingua（意大利语）和 op die punt van my tong（南非语，在南非广泛使用）都指的是"舌尖"。也有国家使用其他类似的表达方式，如爱沙尼亚语中的"在舌头的头上"，夏安语中的"在舌头上丢了"，爱尔兰语中的"在舌头前面"，威尔士语中的"在我的舌头上"，马拉提语中的"在舌头上"，以及韩语中的"在我的舌尖上闪烁"。

研究表明，舌尖现象可以发生在所有年龄段的人身上，但更可能发生在老年人身上。

## "驯化"舌尖现象

大约 60 年前，人们首次对舌尖现象做了实证研究（Brown and McNeill, 1966）。在那之前，舌尖现象就像"野兽一样毫无征兆地袭击人类"，但在那之后，它已被驯化为"家畜"并可用于研究（Jones, 1988）。

实验者向参加实验的 56 名大学生宣读了一些平时很少使用的词汇的"定义"。

然后，如果参与者觉得自己"记不清某个词，但知道这个词，而且马上就要记起来了"，实验者就会要求他们开始填写调查问卷。

参与者通过猜测"马上就能记起的单词"的音节数和第一个字母等来填写调查问卷。（没有经历舌尖现象的参与者被告知继续等待，不要填写）。

在每个人都填写完问卷后，实验者会读出符合刚才定义的单词（例如六分仪）。

## 我不能完全记起来，但好像能想起一些

总结实验中使用的所有单词和所有参与者的案例，总共收集

到 360 个案例，其中 233 个案例出现了舌尖现象。

对问卷的数据分析表明，与其他情况相比，当参与者觉得他们记得一个词但记得不完全时，他们对该词中的字母、音节的数量及主要重音的位置记得更准确。当他们觉得自己能想起更多东西时，这种倾向会更加明显。

我们记不住一个词，却能认出它的部分特征，这似乎很奇怪，但我们平时也经常有这样的经历："那是什么来着？就是最近非常流行的以'踏'开头的那个词……"

## 舌尖现象的两种理论

关于舌尖现象的理论主要有两种：直接访问理论和推理理论。

根据直接访问理论，当一个人记不起某个东西，但感觉自己应该还记得时，会出现舌尖现象。

而根据推理理论，你要记起的东西很可能还残留在记忆中，以此为线索（例如，得到想要记起单词的部分信息）开始无意识地推测，认为"我应该处在能记起来的状态"时，会出现舌尖现象。

这两种理论看似相似，但前者认为我们的意识是我们头脑中正在发生的事情的真实反映，而后者则认为我们头脑中实际发生的事情和我们意识体验到的事情不一定一致。

如果如后者所述，除了我们意识到的信息处理过程，还有另外一个信息处理过程，这种理论被称为双重过程理论。这两种信息处理过程的差异，在许多方面影响着我们的日常生活。

## "记不起来"并不意味着"忘记"

出现舌尖现象时，你可能会因为记不起来而感到沮丧和不愉快。然而，众所周知，在许多情况下，如果花上足够的时间，你最终将会记起来。"记不起来"并不意味着"忘记"。（图1）

动画片《千与千寻》中有这样一句台词："你永远不会忘记曾经发生过的事情，你只是记不起来而已。"如果说我们不会忘记所有的事情，那就太夸张了（有些事情本来就不记得了），但更多时候还是要站在舌尖现象这种立场，慢慢等到能记起的时候。

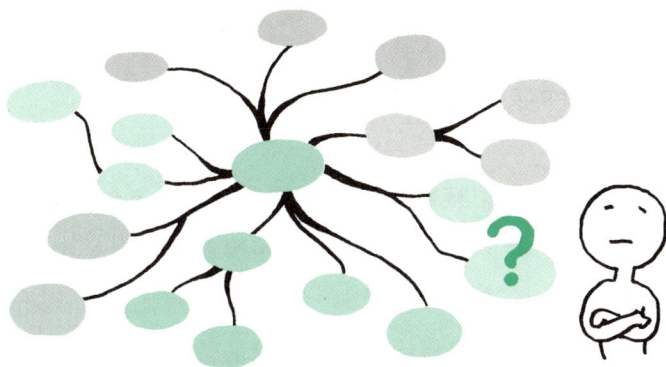

图1　拨开记忆的丝线

曾经记住的东西，有了线索就能回忆起来。

# 31

## False Memory
# 虚假记忆

| 含义 | 对于根本没有经历过的事情，却记得自己经历过。也被称为虚伪记忆或假性记忆。 |
|---|---|

| 关联 | 睡眠者效应（→第 128 页） |
|---|---|

## 记忆是一种变化的东西

对于日常生活中接触到的各种信息，或者童年时发生的事，你能记住多少？其中一些你可能记得很模糊，也有一些你可能根本不记得。

或许你能够相对清晰地回忆起当时的情景，但它们可能不是真的。在此，我要给大家介绍一些关于这一现象的研究。

下面介绍的是在美国开展的"记忆移植"实验（Loftus and Pickrell, 1995）。（图 1）

实验者以"你小时候经历的事件"为主题，向一个名叫克里斯的 14 岁少年展示了三件在他童年时期实际发生过的事和一件没有发生过的事。实验者要求克里斯在一张纸上写下他在接下来的五天时间里对这四件事的记忆。如果他想不起细节，就写上"我不记得了"。

克里斯被告知，他以前经历过一件事：他在一个购物中心迷了路。但其实这是个假信息。尽管克里斯没有经历过这件事，但他却"记起"了它，来看一下他的回答。

我5岁的时候，在华盛顿州斯波坎市的大学城购物中心迷了路，我的家人经常去那里购物。

一位年长的男子帮助了我，并带我找到了家人，我当时哭得很厉害。我觉得帮助我的那个人"真的很酷"。

我害怕再也见不到我的家人了。母亲批评了我。

克里斯还说，帮助他的人穿着一件蓝色法兰绒衬衫，有点儿老，头顶有点儿秃，戴着眼镜。

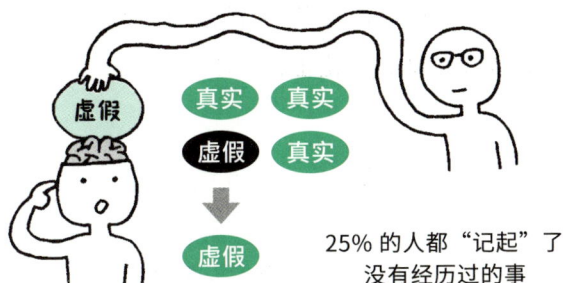

图1　关于记忆移植的实验

如果让你记起实际经历过的三件事和一件没有经历过的事……

虚假　真实　真实
虚假　真实

↓

虚假

25%的人都"记起"了没有经历过的事

少年克里斯是特例吗？后来，实验者又对 24 名男性和女性（18~53 岁）做了类似的实验，结果 25% 的参与者回忆起了他们实际上并没有经历过的事件（Loftus and Pickrell, 1995）。

由此可见，记忆绝不是"像录像机一样"，而是不断被新获得的信息干扰、补充和重构。这种把实际上没有经历过的事情记忆为经历过的事情的现象就叫作虚假记忆。

## 记忆恢复疗法为什么不再被使用

这些研究结果在当时的美国产生了重大影响。

例如，根据弗洛伊德精神分析的观点，释放被无意识压抑的创伤性记忆，与从不适中恢复有关。因此，当时有很多病人通过治疗，回想起过去被家庭成员虐待的记忆，也有孩子因此起诉父母的案例。

但通过治疗回忆起来的记忆，真的是被压抑的记忆吗？有没有可能是一种虚假记忆呢？

这一点已经成为心理治疗师和记忆研究者之间激烈辩论的主题，甚至发展成一场对虐待受害者和嫌疑人各自人权的辩论。

这个争议至今也没有得到有效的解决，但现在人们基本上已不再使用记忆恢复疗法，争论也告一段落。

## 目击者证词的可信度

从新闻中可以看到，我们身边每天都会发生各类事故和事件。

如果你碰巧在这类事故的现场，或者如果你卷入了其中，那目击者的证词就成了重要的证据。

然而，我们对所见所闻的记忆并不总是准确的，因为后来的信息可以创造一个全新的记忆。这种现象有时被称为记忆污染。（图2）例如，如果一个粗心的警察问你："你看到的那辆蓝色汽车往哪边去了？"即使这不是真实的，你可能也会产生记忆，认为你确实看到了那辆蓝色汽车。

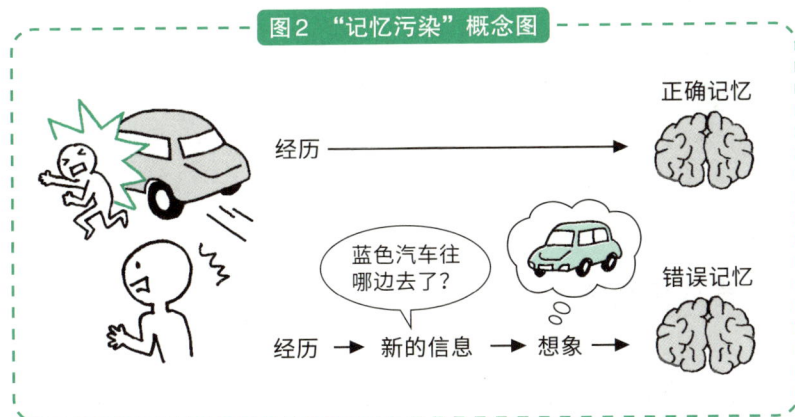

图2 "记忆污染"概念图

正确记忆

经历

蓝色汽车往哪边去了？

错误记忆

经历 → 新的信息 → 想象

除了上述例子中的特殊情况，在其他场合我们也要多加注意。

在现代社会，我们被海量的信息包围，记忆污染的概率可能比以往任何时候都要高。

为了避免不必要的纠纷，我们应该意识到，某些记忆清晰的东西可能与事实不符。

此外，还要记住一点，即使某人描述的经历被证明是不真实的，我们也不应立即将其作为"恶意的谎言"加以否定。

认知科学视角

# 32

Sleeper Effect
# 睡眠者效应

| 含义 | 从不可靠来源获得的信息，最初并没有什么影响力，但随着时间的推移，它们会改变人们的意见和态度。 |

| 关联 | 虚假记忆（→第 124 页） |

## 谣言从何而来

　　每天我们都会通过电视、杂志、互联网和别人的闲聊中接触到各种信息。有时，不准确的信息会自行传播，导致谣言的扩散或针对某些人的抨击，甚至发展成"热议话题"。

　　当热度过去之后，你可能会反思：我为什么会相信这种事？

　　认真思考一下就会发现，谣言的来源只不过是社交媒体中一个陌生人发的帖子……

　　**睡眠者效应**就是与这种现象相关的一种认知偏差，下面具体介绍一下。

　　以下是在美国开展的一个实验（Hovland and Weiss, 1951）。

参加实验的大学生被要求阅读四篇文章，关乎当时备受关注的四个话题（例如，某药物应该继续在没有医生处方的情况下售卖吗？等等）。

此时，除了文章，还明确列出了文章的"来源"，但这实际上是一个被人为操作的实验条件。例如，如果主题是某药物，则文章的来源分别是生物医学杂志和大众杂志。在这两种情况下，所读文章的内容基本相同，唯一不同的是结论。结论有两个版本：一个积极版本和一个消极版本。分配给参与者的版本因人而异。

实验者告诉大学生们，这只是一次普通的舆论调查，他们总共要在三个时间段回答问题：阅读这四篇文章之前、刚读完后和读完四周之后。

这些调查意在衡量大学生的意见会在多大程度上朝着文章所倡导的立场发生改变，但为了防止学生们知道实验的意图，同时也提出了一些无关紧要的问题。

实验结果见图1。结果是显而易见的：读完

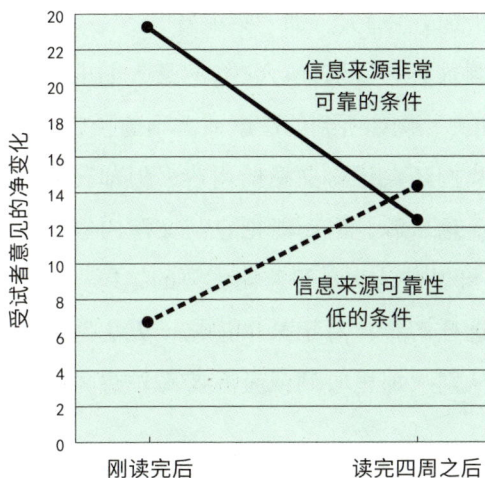

图1 信息的说服力随时间推移而改变

受试者意见的净变化

信息来源非常可靠的条件

信息来源可靠性低的条件

刚读完后　　　读完四周之后

参考：Carl Hovland and Walter Weiss, "The Influence of Source Credibility on Communication Effectiveness," *Public Opinion Quarterly:* 15(4), 635-650, 1951.

文章之后，信息来源越可靠就越有可能改变观点，而信息来源越不可靠越难以改变。

然而，四周后，可以看到差异已经消失了。换句话说，随着时间的推移，即使当时判断该信息并不可靠，读者也会产生被说服的倾向。

## 睡眠者效应存在于你脑海中吗

由此可见，当人们先接触到一个有说服力的信息，然后又接触到降低其可信度的信息（例如，这篇文章刊登在一本大众杂志上）时，可信度低的信息的说服力会随着时间的推移而增强。

这种现象被称为"睡眠者效应"，来源于"间谍"一词，因为间谍在采取行动之前会假装成普通人，即"睡眠者"。

这种现象背后的机制被称为源监测。它指的是人们准确识别自己记忆中信息来源的能力，例如听到的故事或看到的景色等。

随着时间的流逝，我们还会记得文章的内容，但却已经忘记了信息来源（或者记得信息来源，但不能把它与文章内容联系起来）。但无论如何，这都可以被认为是源监测失败的结果。上一节讨论的虚假记忆也可以这样解释：对于某个记忆，无法区分是自己实际经历过的，还是从别人那里听到或是在脑海中想象的，于是出现了虚假记忆。

有一些研究列出了睡眠者效应发生的条件，包括以下几点：

• 当信息（文章）本身具有说服力时。

- 先介绍信息，后介绍信息的来源时。

- 当信息来源可靠度比较低，不能让人们在接触到信息后立即改变态度时。

- 接触信息后已经过了很长时间时。

## "善说者受益"的战争

在美国，如今有一个新的术语"swiftboating"，指的是在选举时对反对派候选人个人的恶意攻击。这些行为大多让人看了不舒服，而且很多人也认为这些信息并不可信。

然而，这种策略可能产生持久的影响，并使得票数产生差异。

我们每天都会接触到很多信息，以至于我们自认为能够辨析信息的真伪。

但是，你所信任的信息中可能已经悄悄潜入了一个睡眠者。尤其是现在这个时代，来历不明的人会在社交网站和视频网站上以"曝光"为幌子散布不知真伪的传言，我们尤其应该加以警惕。

请记住，你随手发的一个简单的帖子，在通过社交媒体的传播后，可能会造成一发不可收拾的局面。

你需要跳出思维的盒子，灵感火花才能闪现。

## Mental Constraints
# 心理定势

| 含义 | 无意识的先入为主观念，会妨碍人们解决问题。 |
|---|---|

| 关联 | 功能固着（→第 136 页） |
|---|---|

## 9 点问题和假想的"盒子"

请看右侧图 1。如果必须用一笔画出经过这 9 个点的直线，则至少需要多少条直线？注意，同一个点可以经过多次。（答案见第 135 页图 2）

许多第一次解答此题的人可能会回答"5 条"。但如果直线数量被限制在 4 条或更少，该如何解答呢？

图1　9点问题

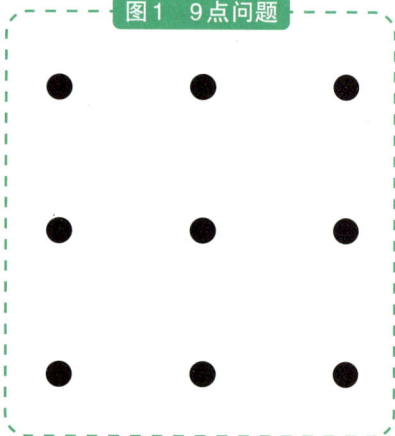

这个问题看似简单，但却是出了名的难解，据说正确率为20%~25%。

第135页列出了几个正确答案。你想到类似的解答了吗？

这个问题的难度在于，解题者并不是孤立地感知这9个点，而是由这9个点想象出"一个正方形的盒子"。然后，试图在盒子的框架内画直线。

这些阻碍我们解决问题的无意识束缚被称为心理定势。除非减少这种心理定势，也就是改变思维方式，否则解题者将永远停留在盒子里，陷入僵局。

## ▍跳出思维的盒子

英语的"think outside the box"正是来自这个9点问题，指的是要灵活地思考问题。

为了解决9点问题，我们需要突破束缚我们的无意识定势，做出把直线画到盒子外面的思考，或者在没有点的地方让直线弯折。

如何才能实现这种思维的转变呢？有人认为，灵感闪现的过程有四个阶段：准备、孵化、启示和验证（Wallas, 1926）。

在准备阶段，人们专注于解决问题，会反复尝试和失败。就9点问题而言，就是在盒子里画线试错的状态，此时无法得到正确答案，容易陷入死胡同。

接下来是孵化阶段（"孵化"一词已成为incubation的固定翻译，但在这里指的是鸡蛋在孵化前的升温阶段）。这个阶段，在别人看来好像不再努力解决问题，因为解题者变得心不在焉或已经开始做其他简单的任务。但是，在这期间，无意识的努力实际上仍在继续。

然后，在启示阶段，灵感会闪现出来。在这个阶段，人们感觉自己在某一时刻"突然想到了正确答案"，有时还会伴随着惊讶和兴奋（即尤里卡效应）。

最后一个阶段是验证阶段，对自己的想法加以测试，看它是否有效。

这四个阶段并不是独立发生的，而是相互作用、相互影响的。经过孵化到达启示，正是因为我们在准备阶段就集中精力研究问题，理解了问题的基本结构。

## "发呆"的重要性

一些关于各种历史发现的轶事，也说明了孵化阶段的重要性。

例如，据说古希腊的阿基米德是在洗澡时通过观察浴缸中溢出的水，想出了测量皇冠体积的方法。在身心放松的时候，突然有了一个绝妙的想法，很多人都有过这种经历吧。

提出上述"四个阶段"的心理学家认为，我们可以通过在工作流程中设定集中精力完成任务的时间和中断任务的时间，来有意地触发孵化阶段的效果。

最近，美国的一个研究小组利用一项据称是衡量创造力的课题，调查了休息时间的效果（Baird, et al., 2012）。在这个实验中，参与者被分为四组：两组分别在任务期间有休息和没有休息，另外两组在任务中有休息，并参与另外不同的任务（需要集中注意力的任务或是比较轻松的任务）。结果显示，有休息并参与另外一项比较轻松任务的一组，在继续之前的任务后有了更多的灵感。

这表明，并不是单纯"休息一下"就能获得灵感，重要的是要在休息中放松身心。

如果你因想不出好主意而陷入困境，打算休息一下，那么，比起玩智能手机或继续阅读喜欢的小说，刻意腾出时间来"无所事事"可能会更有效。

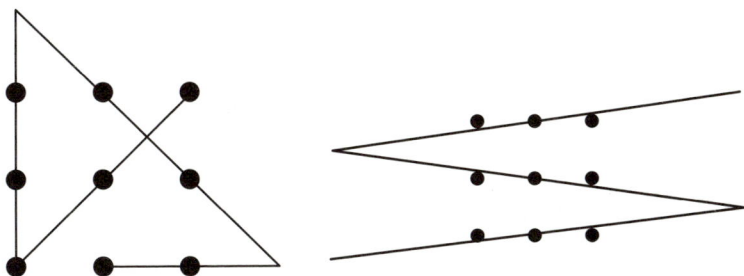

图2　9点问题的答案

这个问题早在 100 多年前就已经出现在
一本益智书中。

人类特有的能力中，有哪些尚未被人工智能打败？

Functional Fixedness

# 功能固着

| 含义 | 固守于某一物体的特定用途，阻碍了对其新用途的思考。 |

| 关联 | 心理定势（→第 132 页） |

## 尝试解答蜡烛问题

你面前是图 1 所示的工具。如果只用这些工具，你怎样才能把蜡烛固定在门上？（答案见第 139 页的图 3）

这是一个旨在考察人们如何解决问题的实验（Duncker, 1945）。

在实验中，参与者被分为两组：给一组展示的是已经作为"容器"使用的盒子，如图 1 所示；给另一组展示的是空盒子。

实验结果显示，在展示空盒子的条件下，所有参与者都想到了图 3 的答案。而在盒子作为容器呈现的条件下，正确答案的百分比还不到一半。这可能是由于人们被盒子作为容器的原始功能所吸引，而想不出其他用途的结果。这种状态被称为**功能固着**。

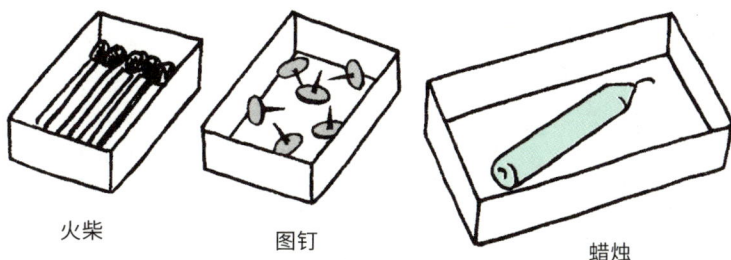

图1 蜡烛问题

火柴

图钉

蜡烛

如何使用这些工具把蜡烛固定在门上？

## 与灵感的联系

可能有人认为，这种功能固着根本不会影响我们。但是，正是这种挣脱束缚的能力，在遇到困难或陷入困境时，能够带来突破性进展。

在日常生活中，我们需要以不断提出新想法的方式（发散性思维）思考，而不是以只得出一个正确答案的方式（聚合性思维）思考。据说这种发散性思维关系到激发灵感的能力。这种能力与智力的高低无关，难以用传统的智力测试来衡量。

**Unusual Uses Test**（UUT）就是测试激发灵感能力（创造力）的一种方式（Guilford, 1967）。

该测试要求人们尽可能多地说出我们在日常生活中常见物品的新用途。

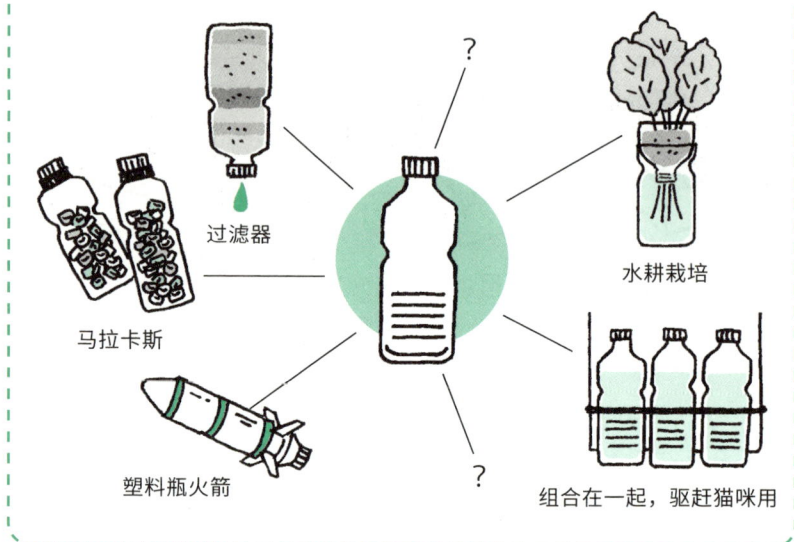

图2 你能想到塑料瓶的几种用法？（UUT）

过滤器

马拉卡斯

塑料瓶火箭

水耕栽培

组合在一起，驱赶猫咪用

在这里，我们把一个500毫升的塑料瓶作为实验对象。（图2）

除了原本可以用来装水，我们还能想到塑料瓶的许多其他用途，比如把几个瓶子装满水当作泡菜石，扔出去看它们能飞多远，装满碎石当作马拉卡斯[1]，切成环状用来做手镯，等等。

## 人工智能尚未赶上人类

你可能听过这种说法，"几十年后，人工智能将取代人类的工作"。

---

[1] 一种手持乐器。——译者注

这种说法可能源于一份报告（Frey and Osborne, 2013）。

该报告以美国 702 种职业为对象，推测其将来被人工智能取代的概率。报告认为，在未来 10 年或 20 年内，可以实现计算机自动化的工作约占美国所有工作的一半。

那么，我们的工作是否真的很快就会被人工智能取代？答案是不一定，因为要解决我们每天面临的"意料之外"的问题，创造力必不可少。

现在，有许多研究人员夜以继日地致力于开发具有创造力的人工智能，甚至有人试图让人工智能从事创造性的工作。然而，由于人类的创造力仍有许多未知数，人工智能要想和人类一样有创造力或比人类更有创造力，尚需时日。

有人说，由于全球化带来的巨大变化，未来将是不可预测的。

在这样一个时代，更重要的是灵活思考的能力，而不是拘泥于传统的做事方式。

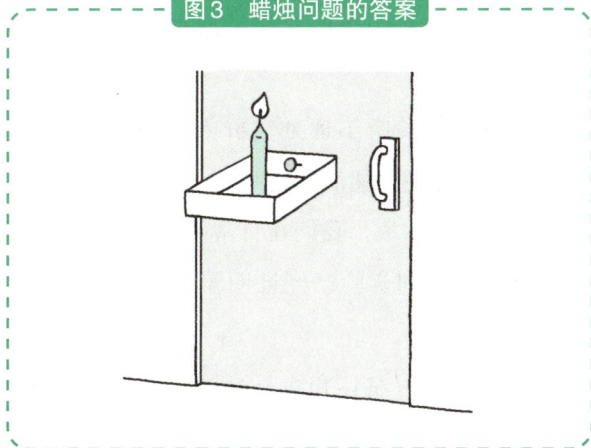

图3　蜡烛问题的答案

## 认知科学视角

# 35

## Selective Attention
# 选择性注意

| 含义 | 能够从大量的信息中选择你需要的东西，比如能在周围的喧闹声中只听到某个说话者的声音。 |

| 关联 | 注意瞬脱（→第 144 页） |

## ▍在聚会的喧嚣声中交谈

想象一下，你现在在一个派对会场或咖啡馆里，周围有许多人在聊天，热闹非凡。

此时，如果你仔细聆听不远处一群人的谈话，你会发现，尽管周围非常嘈杂，但你还是能清楚地听到他们的谈话。

这被称为鸡尾酒会效应，我们在日常生活中也经常遇到这种现象。在英国开展的一系列实验已经证明了这一点（Cherry, 1953）。（图 1）

在实验中，受试者的左耳和右耳会同时听到不同的声音，他们被要求只把注意力放在其中一个声音上并重复听到的声音（跟

图1　什么是鸡尾酒会效应？

即使在非常喧闹的场所，你也能关注特定的谈话。

进法）。结果显示，对于受试者没有关注的信息，除了声学特征（例如听起来像英语），他们完全想不起其他信息，受试者甚至没有意识到其实是一个英语母语者在说（类似英语的）德语。

这表明，我们没有关注的音频信息被"排除"了（反过来说，只有我们关注的音频信息被"选中"），从而有了我们"听到声音"的体验。

## 选择性注意也发生在声音以外的其他地方

除了上述的声音示例，我们也能从周围的大量信息中注意到某些事情。这种功能被称为选择性注意。

在美国开展的一系列知名实验，显示了我们平时如何有效地利用选择性注意（Simons and Chabris, 1999）。实验的视频发布在互联网上，参与者可以搜索"selective attention test"（选择性注意测试），然后观看人们打篮球的视频（视频刚开始的英文说明是，"数一数穿白衣服的人传了多少次球"）。

在这里我们不讨论视频的细节，好给你一种新鲜的惊喜感。这是一个简短的视频，不到一分半钟。这个快乐的实验让研究人员获得了 2004 年的搞笑诺贝尔奖（授予那些令人发笑却发人深省的项目）。

## 如果偏离了选择性注意

从之前的讲述我们了解到，注意力的功能就像一盏聚光灯，聚焦于在我们环境中的无数信息中的某一个信息。

而且，被排除在信息选择之外的内容，即使有比较大的变化，也很难被注意到。这种现象被称为变化盲。

下面介绍另一个实验（Simons and Levin, 1998）。在互联网上搜索"the 'Door' study"，可以看到实验的视频。

在这项实验中，实验者向过路的行人问路。当实验者和行人交谈时，一群人（实际上是预先安排好的人）会抬着大木板从他们中间穿过。利用这个机会，最先与行人交谈的实验者躲在木板后面，巧妙地与预先安排好的人交换位置。木板通过后，预先安排好的人（外形和声音都与第一个实验者完全不同的另一个人）继续与行人对话。

行人会对这一事实感到惊讶，还是会试图寻找刚才问路的人呢？事实上，一半的行人完全没有意识到他们正在交谈的人已经被替换了，谈话继续，好像什么都没有发生过一样。

## "骑着车玩手机"的危险性

总之，我们通过注意力的"聚光灯"来充分利用我们有限的处理能力。所以，我们需要认真思考如何使用有限的"聚光灯"资源。

例如，日本《道路交通法》禁止单手骑自行车。即"骑着车玩手机"是违法的。因此，市场上开始售卖的一些设备，可以把智能手机固定在自行车上，但这能算解决了问题吗？

你可能已经注意到了，从认知科学的角度来看，这种行为很危险。最大限度地使用双手并不一定意味着绝对安全。

如果注意力只集中在智能手机上，而其他所有信息都被"排除在外"，想象一下就令人毛骨悚然。仅仅一句"是我没注意"是于事无补的，在酿成不可挽回的后果之前，我们应该审视自己，看看自己平时是否有类似的行为。

# 36

为什么边走路边用手机时更可能发生事故？

Attentional Blink

# 注意瞬脱

| 含义 | 当短时间内出现多个需要注意的对象时，后续对象往往会被忽略的现象。 |

| 关联 | 选择性注意（→第 140 页） |

## 注意力和日常生活

人的视野中能清楚看到物体的**中心视野**，位于视网膜中心约 2 度的区域。围绕中心视野"在一定程度上能看清楚"的区域被称为**周边视野**，其大小因情况而异。

例如，曾有人在特定条件下开展了一项实验，以确定人们在开车时能多快地注意到周围存在或出现的物体，而不会忽视它们（三浦、篠原，2001）。结果显示，随着街道"拥挤程度"的增加，人们的周边视野会变窄，街道越是拥挤，人们就越不可能注意到突然出现的物体。

但是，如果是能让我们清楚地看到物体的中心视野，就能避免这种疏忽吗？下面我们就来介绍著名的注意瞬脱现象。

## 注意力也会"走神"吗

1987年，研究人员首次报告了被称为注意瞬脱的现象（Broadbent and Broadbent, 1987）。从那时起，为了探讨这种现象的机制，研究人员设计了各种实验。

实验通常会用一台计算机在屏幕上呈现几个图像，这些图像会在很短的时间内不断切换。图1简要说明了这一方法，每个图像各呈现0.1秒。

实验者事先会向受试者说明，例如，"我将给你看一些字母，一次看一个字母，但其中会混有两个数字"，然后要求受试者报告

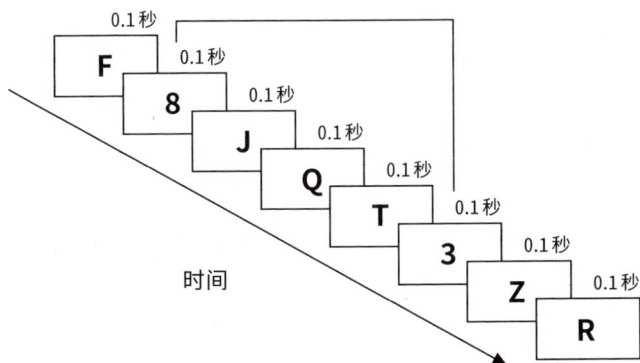

图1 注意瞬脱实验中，图像快速切换的情形

两个目标在0.5秒内呈现时，第二个目标很容易被忽略掉。

这些数字是什么。如果受试者能在一系列快速变化的图像中找到目标（数字），他们就完成了任务。

然而，在 0.5 秒内同时呈现两个目标时，第二个目标很可能会被忽略掉。尽管我们睁着眼睛，中心视野清晰，但还是发生了这种奇怪的现象，好像是我们的注意力，而不是我们的眼睛在眨动，于是错过了决定性的时刻。这种现象被称为注意瞬脱。

例如，当你在开车或骑自行车时，如果道路很拥挤或者附近有行人，你就会遇到许多"目标"，你必须几乎同时注意这些目标。在这种快速变化的情况下，你有可能太专注于顺利右转，而没有注意行人。

请大家记住，即使在中心视野良好且不看其他地方时，你仍然可能"漏掉"一些东西。

## 注意力资源不是无限的

关于注意瞬脱产生的机制，有许多种假设。

这些假设大多认为，许多所谓的"注意力资源"会被用来处理第一条信息，以至于没有足够的资源来处理随后的信息（资源掠夺模式）（整理自森本、八木，2010）。注意力资源也被称为处理资源，是一个专业术语，将注意力比喻为"有意识地处理信息时所需的精神能量"。因为一个人每次所能利用的注意力资源是有上限的，所以很难同时专注于一件以上的事情，就像"一边做……，一边做……"一样，往往会忽略其中一件。（图 2）

然而，近年来，许多人提出了这样的观点：问题的原因出在

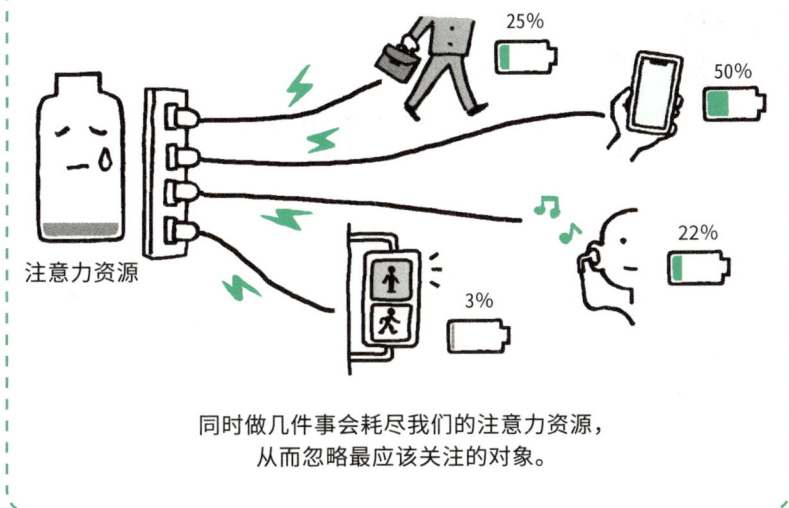

图2 同时做几件事与注意力资源的概念图

25%

50%

22%

3%

注意力资源

同时做几件事会耗尽我们的注意力资源，
从而忽略最应该关注的对象。

如何从大量不必要的信息中首先找到哪一条信息（选择模式）。这场辩论远未结束，仍然是研究人员关注的一个热门话题。

## 如何减少注意瞬脱

为了让大家安全地度过每一天，我们必须意识到这种现象随时都有可能发生。

近年来，人们已经开展了一些研究，以了解在什么情况下注意瞬脱现象的发生概率会降低。

在日常生活中，当我们无意识地处理信息时，何时会发生注意瞬脱？何时能成功避免呢？或许我们很快就能解开其中的机制了。

那匹名叫汉斯的马真的聪明到能解决计算问题吗？

## 37

Clever Hans Effect

# 聪明汉斯效应

| 含义 | 人或动物在接受某种测试或检查时，能够从考官的行为举止中猜出"期望的"答案并加以回答。 |
|---|---|

| 关联 | 确认偏见（→第 152 页） |
|---|---|

## ▍聪明汉斯的故事

19 世纪末，德国的一匹马因其天才一举成名。这匹马叫汉斯，能够通过用蹄子敲击地面来回答主人的问题。汉斯解决了一个又一个数学问题和音乐和弦问题，让现场的观众非常兴奋。（图 1）

汉斯的行为被仔细调查过，据说不存在作弊的可能性。换句话说，汉斯被"认证"为足够聪明，能够理解主人提出的问题，并能解决这些问题。

不过，后来又展开了一次调查。在一系列精心设计的实验中，汉斯的观众，甚至连出题者都"不知道题目是什么"（Pfungst, 1907）。例如，在计算问题中，几个人对汉斯低声说出只有它能听到的任意数字，然后要求它把数字加在一起。结果，计算题的正确率从 90% 左右下降到 10% 左右。

图1　汉斯解答计算问题的情形

## 可见的东西及其另一面

为什么汉斯只有在"周围有知道问题答案的人"时才能做出正确回答呢？

事实上，在汉斯回答问题时，随着它击打马蹄的次数越来越接近正确答案，周围人的面部表情和脸部朝向都发生了细微的变化。这些变化如此微妙，周围的人甚至自己都没有意识到。

然而，汉斯意识到了这些变化，并将其作为线索，进而给出正确的答案，借此获得它最喜欢的食物。

汉斯的"聪明"并不是因为它的主人故意作弊，而是因为它利用了别人不经意间的举动。

## "确信"对他人的影响

和汉斯的情况一样，一个人的行为举止会影响另一个人的行为，并影响结果，这种现象被广泛地称作实验者效应。在汉斯的案例中，汉斯根据人们的面部表情等给出了"正确答案"。

实验者效应的另一个著名例子是皮格马利翁效应（即教师期望效应），源自在一所小学开展的实验（Rosenthal and Jacobson, 1968）。（图2）

实验是这样的：在学期开始时，实验者让孩子们参加了一项名为"学习能力测验"的测试（实际上是普通的智力测试），然后给班主任发了一份测试成绩分析，其中列出了"今后成绩会提升

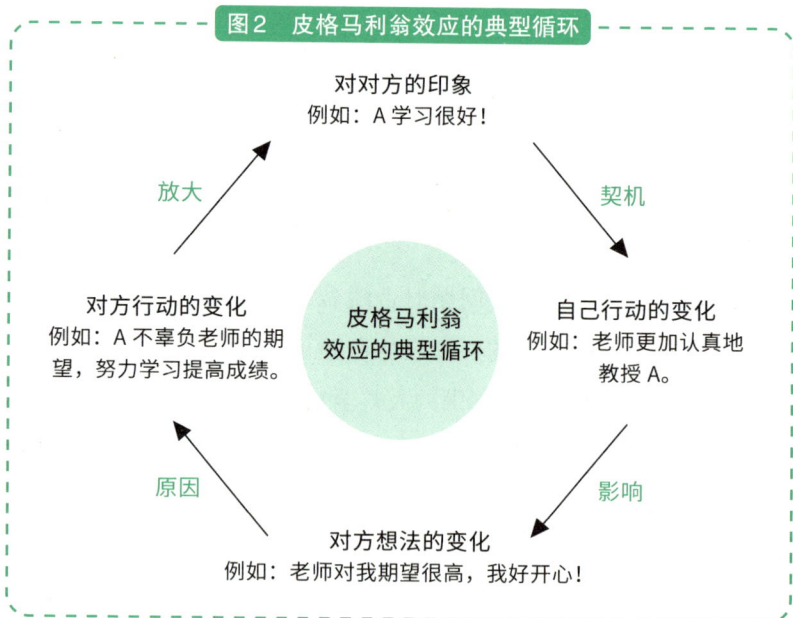

图2　皮格马利翁效应的典型循环

对对方的印象
例如：A 学习很好！

放大

契机

对方行动的变化
例如：A 不辜负老师的期望，努力学习提高成绩。

皮格马利翁
效应的典型循环

自己行动的变化
例如：老师更加认真地教授 A。

原因

影响

对方想法的变化
例如：老师对我期望很高，我好开心！

的孩子"名单。这些孩子实际上是被随机选出来的，与他们的考试成绩无关，但是，与其他孩子相比，他们后来的成绩实际上都有所提高。

对于这一结果，我们可以这样解释：教师原本会公平地对待所有孩子，但对于这些"今后成绩会提升"的孩子，他们给予了期望并在无意识中提供了帮助和特别暖心的关怀，即使教师的期望是基于毫无根据的信息，但结果却让这些孩子的学习能力提升了。

这一实验可能还反映了教师的性别观和偏见。例如，有报告称，理科教师的课堂态度因其授课对象的性别而有所不同，与男孩的互动要多于女孩（整理自赤井，1997）。

## 聪明汉斯的教训

如上所述，人（或马）可以从其他人的行为中获知对方对自己的期望，并改变自己的行为来迎合对方的期望。

在电影《窈窕淑女》中，希金斯教授试图将奥黛丽·赫本扮演的乡下卖花女变成一位谈吐优雅的女士。现实生活中也一样，有些人希望将他人变成自己期望的模样。

例如，假设你在社团活动中担任指导后辈的任务，或在公司中担任指导下属的职务。出于某种原因，你毫无缘由地觉得其中一位后辈非常"优秀"，于是比起其他人，你会在他身上花更多的时间和精力用心指导，结果可能是，他会表现得越来越好。

但是，如果这意味着"其他大多数人"被你忽视，那这种偏见会损害你的声誉，并导致团体内部的不和谐。

从"4 张卡片问题"看让我们陷入偏见的机制。

# 38

Confirmation Bias

# 确认偏见

| 含义 | 人们倾向于只收集符合自己想法和假设的信息，而忽视与自己假设相悖的信息。 |
|---|---|

| 关联 | 聪明汉斯效应（→第 148 页） |
|---|---|

## 挑战"4 张卡片问题"

图 1 中的问题是为了揭示人类理论推理特征而提出的问题之一（Wason, 1966）。

人们利用这个问题做了一些实验。以大学生为对象开展的研究显示，正确答案的比例只有 10% 左右。大多数受访者选择了"正面是元音的卡片"或"元音和偶数的卡片"。也就是说，很多人会选"A"和"4"，但很遗憾，这是不正确的，正确的答案是翻开"A"和"7"。

这是因为，只有出现"一面是元音，同时另一面是奇数"的卡片时，才能否定"如果一面是元音，则另一面是偶数"这一假设。

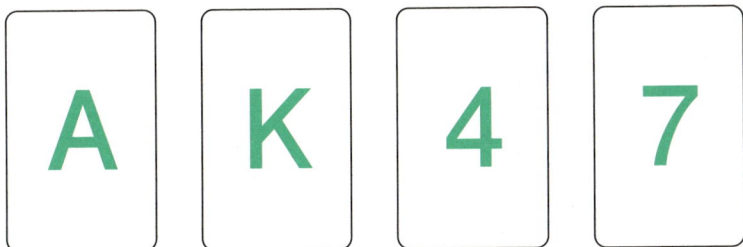

图1　4张卡片问题

这里使用的所有卡片都是一面是字母，另一面是数字。我们需要翻开它们，看看"如果一面是元音，则另一面是偶数"的假设是否为真。请尽可能少地翻开卡片来回答。

也就是说，无论偶数卡的背面是什么，它都不会与假设相矛盾（假设并未限制偶数卡的背面必须是元音）。即不需要翻开 4 这张卡片。我们只需要确认"一面是元音"的卡片背面（如果是奇数，假设被否定），和"一面是奇数"的卡片背面（如果是元音，假设被否定）。因此，我们需要翻开"A"和"7"。

如果你不能解开这个问题，也没有必要灰心失落。如上所述，这个问题对许多人来说是出了名的难以解决。

下面，让我们以"4 张卡片问题"的"难点"为线索，深入了解一下人类思维的特点。

## 难点 1：确认偏见

在社交媒体上，往往有很多未经证实的信息被四处传播。例如，一旦有人相信一个不科学的预测，如"某月某日会有一场大地震"，此人就会开始阅读和研究那些似乎与预测相符的信息（如在该地区上空看到的云的形状，附近的狗最近一直在吠叫），从而越来越相信谣言。

如上所述，我们往往只收集与我们的假设相一致的信息，以确认我们的想法或假设是"正确的"。反之，我们往往不会收集与我们的假设相矛盾的信息，甚至会忽视这些信息。这种倾向被称为确认偏见。

我们认为，在"4张卡片问题"上也有类似的偏见在起作用。也就是说，规则是"如果一面是元音，则另一面是偶数"，所以偶数卡片"4"的背面是元音还是辅音其实并不重要。但人们仍然会选择"4"这张卡片。

## 难点 2：主题内容效应

事实证明，确认偏见并不是造成这一难题的唯一因素。请试着挑战一下图2所示的"邮递员问题"（安西，1985，有部分修改）。

这个"邮递员问题"的形式与"4张卡片问题"相同，需要检查的是第一个和第三个，这相对容易理解吧？对于"如果信件是密封的，上面就贴有60日元的邮票"这一假设，如果有一封"信是密封的，而上面没有贴60日元的邮票"，那假设就会被否定。这意味着开封的信和贴有60日元邮票的信件被排除在选项之外。

尽管问题形式完全相同，但"4张卡片问题"似乎更难，正确答案的比例也更低，这被称为主题内容效应。这意味着即使问题

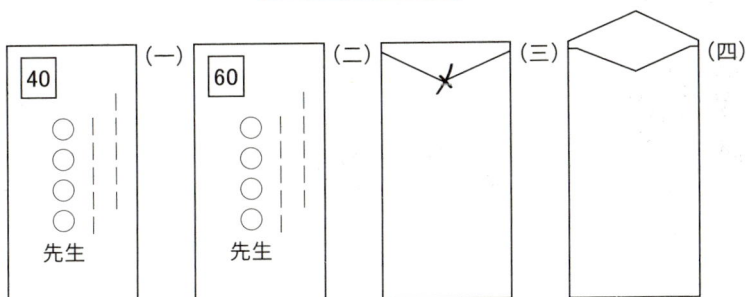

图2　邮递员问题

你是一个邮递员。邮局会收到很多信件。假设"如果信件是密封的，上面就贴有 60 日元的邮票"。现在你面前有四个信封，为了验证该假设是否为真，你至少应该检查哪几个？

参考：安西祐一郎『問題解決の心理学：人間の時代への発想』中央公論社（中公新書）、1985 年。

的结构保持不变，但当问题对答题者来说更加具体和现实时，正确率会发生明显的变化。"4 张卡片问题"之所以更难，是因为这并非人们日常生活中经常遇到的情形。

## 如何摆脱确认偏见

确认偏见可能发生在日常生活中的各个场合。例如，一旦我们认为某人很冷漠，我们就会只寻找符合这种印象的信息（例如，他不帮助大家做文化节的准备，他不回复电子邮件），而忽略与假设相悖的信息（他认真教我学习，他总是好心帮助我）。

因此，你应该意识到，有时需要翻看不同的"卡片"，不要固执己见。

向流星许愿或双手合十祈祷，会改变结果吗？

## Superstitious Behavior
# 迷信行为

| 含义 | 把偶然发生的两个独立事件当作有因果关系的事件。 |
|---|---|

| 关联 | 赌徒谬误（→第 30 页）、伪相关（→第 160 页） |
|---|---|

## 虚假的因果关系

如果你曾对流星许过愿，并且至少有一次愿望实现了，那么从那时起，你可能每次看到流星都会许愿。

除了流星，我们每天还会认识到各种事件之间的因果关系。不过，有时这种因果关系是不真实的。例如，穿红色袜子参加俱乐部活动时会表现得特别出色，感觉手机电池在热天似乎耗电更快，把电脑的待机画面设置成某张图片时考试就通过了，等等。

并非只有人类相信这种迷信行为。下面介绍一个实验。

实验中，几只饥饿的鸽子每天会被放在实验用的笼子里几分钟时间（Skinner, 1948）。装在笼子上的喂食器被设定为每隔一段时间就送出少量食物。过了一段时间，每只鸽子都出现了奇特的行为：一只鸽子在笼子里逆时针转动，另一只鸽子反复用头撞击笼子的顶角，还有两只鸽子开始像钟摆一样左右摆动它们的身体，一只鸽子重复地举起什么东西。

## 迷信行为的机制

值得注意的是，在开始定期喂食之前，并没有发现这些鸽子有各种奇特的动作。

据推测，最初被放在笼子里的鸽子四处乱窜，不安地扭动身体，表现出各种各样的行为。当一只鸽子碰巧逆时针转动身体时，正好同时释放出来少量食物。鸽子吃完食物后，又恢复到原来的行为，但它开始比以前更频繁地逆时针转动身体了。因为它认为，它在逆时针转动身体时有食物的可能性会更大。

由于这种重复的程序，饥饿的鸽子在笼子里建立起了一种独特的行为模式。

无论是动物还是人，只要其某种行为被给予了奖励，此后会更频繁地出现该种行为。正是这种改变行为的机制，促使人们形成了本节开头提到的迷信行为。

## 迷信行为很普遍

在某种程度上，每个人都会有一些迷信行为。

例如，我在工作中使用的无线鼠标在电脑启动后会有几秒钟

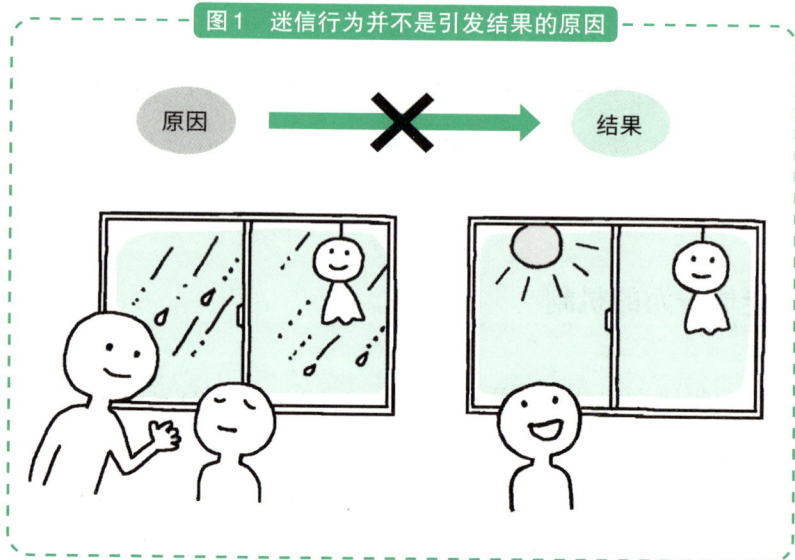

图1 迷信行为并不是引发结果的原因

原因　　✕　　结果

没有反应，但点击几下后就能正常使用了。实际上，问题不在于点击鼠标，而仅仅是时间未到的缘故，但至少点击它，它就能正常连接，所以我每天都重复同样的"仪式"。（图1）

然而，某些特定人群更加容易出现迷信行为。比如运动员、赌徒和参加考试的学生（Vyse, 1997）。

其实就是因为，运动员和赌徒经常需要讨好彩头，而面临重要考试的学生也经常会依赖迷信行为，这些都很常见。

## 如何处理迷信问题

要想否定已经形成的行为模式，消除关联不失为一种方式。以本节开头的流星为例，多次向流星许愿，但愿望却没有实现，这样就能切断"向流星许愿"与"愿望实现"之间的联系。

然而，在迷信行为中，这很难实现。比如在流星这种比较罕见的事件中，就很难有机会去执行切断程序。

即使你不断尝试、成功地消除了这种关联，也可能会想出其他一些解释来说明为什么你的愿望没有实现，例如"自己的许愿方法不对"等。

如果这些迷信行为能让你获得安心感，让你更积极乐观地看待事物，那么消除不了也没有问题。运动员经常遵循的惯例可能就是这种情况。

然而，还有一种可能性，即我们会特别依赖这些未经证实的因果关系，以致放弃了努力或无法做出冷静的决定。

例如，如果我们看到两个独立的事物 A 和 B 之间的（假的）因果关系，我们可能会错误地认为我们可以控制结果，认为"如果我做了 A，结果就会永远是 B"。

对于我们原本不能掌控的事情，却认为自己的行为能对其结果产生影响，这种现象叫作控制错觉。

例如，在你为了抽中手机游戏中的扭蛋奖品而去做一些特别的事情时，应该注意，不要过度沉迷。那些经常说"现在我运气很好"这类没有实质内容话语的人，也要注意这一点。

要知道，随机事件不受过去事件的影响。

# 40

为什么冰激凌销量上升，游泳池中的溺水事故也会增加？

Spurious Correlation

# 伪相关

| 含义 | 将两个没有直接关系的事件视为有因果关系，而没有意识到存在与每个事件都相关的第三个因素。 |

| 关联 | 赌徒谬误（→第 30 页）、迷信行为（→第 156 页） |

## 冰激凌销量和溺水事故

假设有数据说："随着冰激凌销量的上升，游泳池中的溺水事故也会增加。"我们应该如何解释这一点？

吃冰激凌会让人更容易溺水吗？还是溺水获救后人们更想吃冰激凌？

这是一个解释两个事件（①冰激凌销量的上升；②游泳池中溺水事故的增加）之间存在因果关系的例子。然而，①和②同时发生的事实并不一定意味着它们之间存在因果关系。

## 让我们找出潜在变量

在上面的例子中，我们必须关注这两个事件之外的因素。能同时影响①和②的隐藏因素是气温。气温高时，冰激凌卖得好；气温高时，更多的人去游泳池（结果是溺水事故的数量增加）。

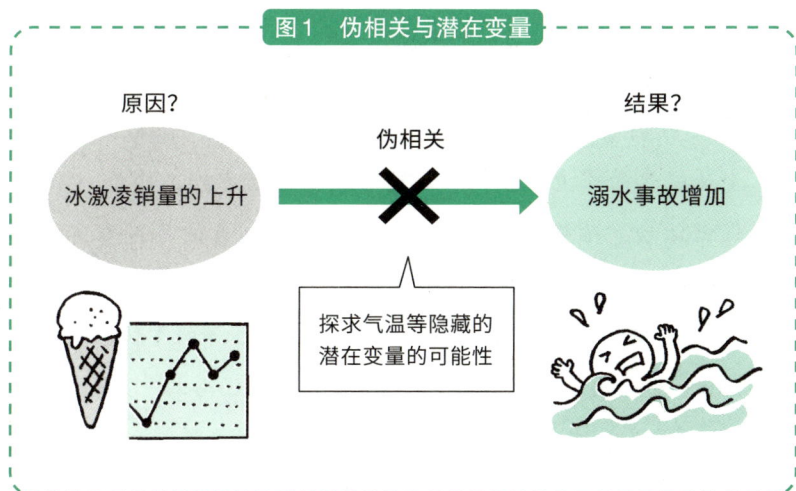

图1　伪相关与潜在变量

原因?　　伪相关　　结果?

冰激凌销量的上升　❌　溺水事故增加

探求气温等隐藏的潜在变量的可能性

注意到这一点，事情就变得很简单了。但如果只关注冰激凌的销量和溺水事故的数量，就会觉得两者之间有直接的关系（相关），这就是伪相关。（图 1）

因此，当我们思考两个事件之间的关系时，必须同时注意到类似"气温"这种第三个变量的存在。这样的变量被称为潜在变量（或第三变量、混杂变量）。

## 如果意识不到潜在变量会怎样

在冰激凌的例子中，我们不太可能做出"如果不停止销售冰激凌是很危险的！"这样的陈述。

但是，我们可能会忽略其中的潜在变量，从而得出错误的解释。

以下列举的例子，事实上并没有关联，但看起来似乎有因果关系。请找一找每个例子中的潜在变量。

① 打折是否会提高购买意愿？为了庆祝一款新功能受到全球瞩目的家电上市，一家商店推出了所有产品降价 10% 的促销活动。结果，除了该家电产品，其他各种产品的销量也比平时好，店里赚得盆满钵溢。

② 喝牛奶会导致癌症吗？在美国和瑞士等经常饮用牛奶的地区，癌症患者的数量比牛奶消费量低的地区高出许多倍。

③ 虱子对人的健康有好处吗？在南太平洋一个岛上的观察表明，健康人身上通常都有虱子，但病人反而很少有。

②和③是达莱尔·哈夫《统计数字会撒谎》一书中给出的实际例子（Huff, 1954）。其中②据说是在一篇与医学相关的文章中被误读的。

上述例子中隐藏的潜在变量如下所示：

①的潜在变量：时间。公司可能是在一年中的销售旺季推出了全新的家电产品。可能只是因为这是一年中整体购买

欲望最高的时候。

②的潜在变量：寿命。这里提到的美国和瑞士，民众的平均寿命更长。癌症是一种中年以上年龄段人群容易得的疾病。

③的潜在变量：体温。岛上的大多数岛民都有体虱。当他们生病、体温上升时，虱子待得不舒服就会离开。

## 与数字融洽相处

我们经常被数字误导和迷惑。

在媒体、书籍、广告中，我们经常看到"统计数据显示……"这种说法，但需要注意的是，这些数据的来源是什么，是如何解释的。正如我们在上述例子中所看到的那样，同样的数据可以导致截然不同的解释。（图2）

图2　如果你注意到潜在变量，可以将其用于工作

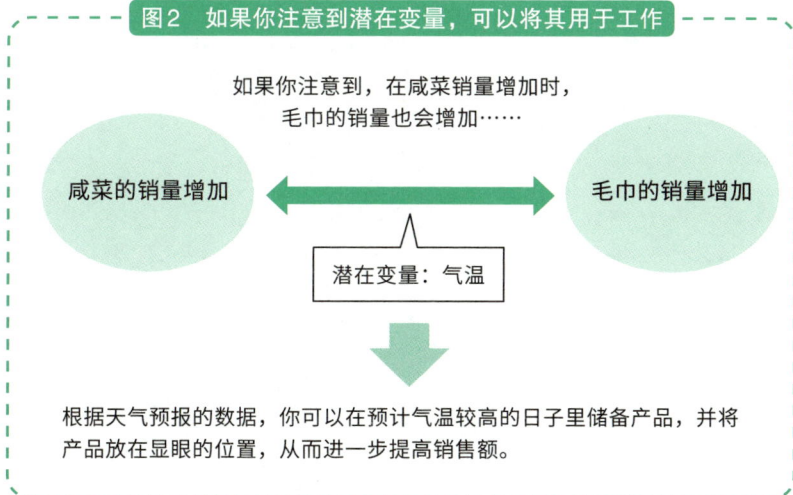

如果你注意到，在咸菜销量增加时，
毛巾的销量也会增加……

咸菜的销量增加　⟷　毛巾的销量增加

潜在变量：气温

根据天气预报的数据，你可以在预计气温较高的日子里储备产品，并将产品放在显眼的位置，从而进一步提高销售额。

# PART III

## 社会心理学视角的认知偏差

是否只是因为意志力薄弱，才让我们在下定决心减肥的时候控制不住口腹之欲？

是否因为我们有反社会人格，所以会违反规则和承诺，即使我们知道这样做是错误的？

为什么欺凌、歧视和战争永远不会消失？

在第三部分，我们将从科学的角度解释人类特有的非理性行为，以及由这种行为日积月累形成的社会风气。

対经常见到的那个人非常感兴趣的原因。

# 41

Mere Exposure Effect

# 纯粹接触效应

| 含义 | 反复接触没有带来特别反应的事物（刺激物），就会逐渐对该刺激物产生好感的现象。 |
|---|---|

| 关联 | 潜意识效应（→第 100 页）、吊桥效应（→第 104 页） |
|---|---|

## 主题曲效应

请你回忆一下小时候的事。

我想许多人都有过这样的经历：小学放学回到家后，在晚餐前看动画片。节目在播放期间会经常更换主题曲，但当你第一次听到新更换的主题曲时，你是否觉得你更喜欢之前的曲子？

然而，随着节目播出的次数越来越多，人们也越来越喜欢新的主题曲。这就是**纯粹接触效应**的结果。

## 见面的次数越多就越喜欢对方吗

纯粹接触效应是指，对于第一次接触时既不喜欢也不讨厌的刺激物，在反复接触后，对其的好感会逐渐增加的现象（Zajonc, 1968）。这种现象不仅发生在音乐上，也发生在其他刺激物上，如文字、物体和人，等等。

那么，为什么反复接触就会使人对其产生好感呢？

这可以用错误归因的现象来解释。错误归因是指误认为一个事件是由其他原因引起的，而不是由原本的原因引起的。

当我们接触新事物时，我们会获取很多以前不知道的信息，这就给我们带来了沉重的认知负担。

例如，当我们第一次见到某个人时，我们必须立刻记住对方的名字、外表、职业、职位、居住地等许多事项。等第二次遇到对方时，如果已经记住了长相和名字，那需要记忆的事项就会相应减少。等第三次见到对方时，如果又记住了其职业和职位，那我们的认知负担就会进一步减轻。

因此，认知处理的愉悦感让我们能够更轻松地感知对方，但这种舒适性却被误认为是对对方有好感，这就是错误归因。错误归因被认为是产生纯粹接触效应的原因之一。

## 纯粹接触效应的发生范围

有一些实验研究了纯粹接触效应在让人们产生好感（人际吸引力）方面的作用（Moreland and Beach, 1992）。

事先委托 4 名被评估为具有相似外表吸引力的女性作为学生参加一个讲座，每人参加讲座的次数从 1 次到 15 次不等。在学期结束时，向参加讲座的学生（24 名男性和 20 名女性，共 44 名学生）

展示这 4 位女性的照片，并要求学生们对这 4 个人的吸引力加以评分。结果显示，参加讲座次数更多的女性被认为更有魅力。（图 1）

此实验表明，纯粹接触效应不仅发生在与我们有过沟通交流的熟人身上，也发生在与我们没有直接言语沟通的陌生人身上。

这同样也适用于音乐和文字等，纯粹接触效应不仅发生在人们主动接触的事物中，也发生在人们无意识接触的事物中。

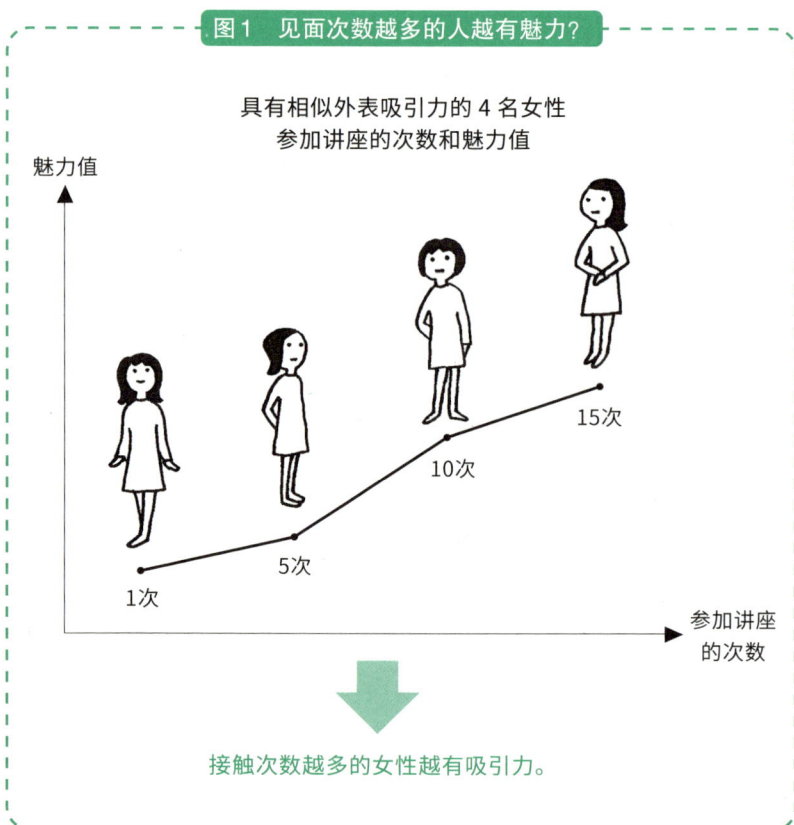

图 1　见面次数越多的人越有魅力？

具有相似外表吸引力的 4 名女性
参加讲座的次数和魅力值

魅力值

15次

10次

5次

1次

参加讲座
的次数

接触次数越多的女性越有吸引力。

## 在现实生活中使用纯粹接触效应

纯粹接触效应在日常生活中最常用于销售场合。即使没有重要的事情，销售人员也会经常去拜访客户或在邮箱里留下名片，其目的正是利用纯粹接触效应的效果来增加客户对自己的好感。

便利店和大卖场里循环播放公司的主题曲，或者在选举期间连续呼叫候选人的名字，目的都是利用纯粹接触效应的效果来提高好感度。

由此可见，如果你希望别人喜欢你，正确的做法是经常与他们接触。

但是，这种方法有一个需要注意的地方。在本节的开头，我们说过当我们反复接触既不喜欢也不讨厌的刺激物时，就会产生纯粹接触效应。

有研究表明，当第一印象很好的时候，也会发生纯粹接触效应，只是比没有任何感觉的人来得慢一些；而当第一印象不好时，增加接触的次数和频率反而不利于增加好感度（Perlman and Oskamp, 1971）。

因此，如果你想通过与某人频繁接触来获取他的好感，一个重要的前提是对方不讨厌你。

是偏袒还是偏见，让我们觉得某个人的一切都很好？

**42**

Empathy Gap

# 同理心差距

| 含义 | 当对某个对象有某种情绪时，比如愤怒或喜欢，就很难从不带这种情绪的角度来考虑问题。 |
|------|------|

| 关联 | 无 |
|------|------|

## 爱是盲目的吗

你是否有过这样的经历：一旦喜欢上一个人，就会觉得他的一切似乎都很有吸引力。你觉得很帅气的一位男性实际上不擅长跳舞，总比其他人慢一拍，而你却认为这也是他魅力的一部分。

下面这个例子是一件真实发生的事。几年前，一部电视剧的片尾播放了一段演员一起跳同一舞蹈的视频，其中只有一个演员比其他人慢了一拍，这成了当时的热门话题。但是，观众却认为这一行为出乎意料，非常可爱，而且这位演员的知名度也提高了，媒体还对此做了报道。

研究表明，男性比女性更重视一个人的外表，所以这种现象可能更容易发生在男性身上（越智，2015）。当你们只是朋友关系时，你并没有什么感觉，但是一旦意识到你喜欢对方后，此时对方的任何行为看起来都是那么美好，这种现象并不少见。这可以用一句话来解释："爱是盲目的。"

换句话说，当我们有某种情绪时，就很难从非情绪化的角度来思考问题。这被称为同理心差距。

## 为什么减肥很难成功

同理心差距是借由 Cold-Hot Empathy Gap 这一名称提出来的（Sayette, et al., 2008）。其中 Cold 意味着冷静的状态，人们没有情绪变化；Hot 意味着兴奋的状态，人们已经陷入某种情绪。之

图1　Cold 与 Hot 的区别

Cold
▼
不饿时

Hot
▼
饥饿时

Cold 状态时难以理解 Hot 状态时的感觉；
同样，Hot 状态时也很难想象 Cold 状态时的感觉。

所以这样命名，是因为 Cold 状态的人很难想象 Hot 状态时的感觉，而 Hot 状态的人也很难想象 Cold 状态时的感觉。（图 1）

例如，假设你在不饿的时候（Cold 状态）下定决心减肥。你发誓说：从今天起我再也不吃零食了。但是，当你不饿的时候（Cold 状态），你很难预测当你饿了（Hot 状态）时，一块触手可及的巧克力会有多大的诱惑力（通常情况下你会忍不住吃了它，并决定明天再开始减肥……）。

这种现象不仅发生在我们自己身上，也发生在其他人身上。有研究表明，人们很难想象那些与他们处境完全相反的人的感受和需求，并倾向于不表现出同理心（Wilson and Gilbert, 2003）。

## 同理心受经验的影响

有许多实验研究了经验是否会影响同理心（Nordgren, et al., 2011）。最初的实验将参与者分为三组：让第一组感觉受到排挤和疏远；让第二组感觉受到平等的对待；第三组没有受到任何操纵，其结果被用作参考标准，以比较参与者对被监禁的受害者的同情程度。

结果显示，经历过被排挤的痛苦的第一组参与者比其他两组更强烈地表示应该停止监禁。分析认为，这是由于他们自己受到过排挤，因此对于社会上被孤立的行为处于 Hot 状态，使得他们对被监禁的受害者更有同情心。

接下来，实验还研究了一个问题，即如果一个人的类似经历发生在过去，而不是刚刚经历过，那么在类似情况下是否会产生

图2　同理心与经历的关系

人们对于自己正在经历的事或与自己的心情相近的事更容易产生共鸣。

同理心。该实验将参与者分为三组：A 组将手浸在冰水中；B 组将手浸在常温水中；C 组先将手浸在冰水中，之后再花 10 分钟时间做别的任务。然后要求参与者阅读有关西伯利亚流放者的故事，并测试他们对被流放者的同情程度。

结果显示，只有把手放在冰水里的 A 组参与者表现出高度的同理心。C 组参与者没有表现出任何同理心的事实表明，过去的类似经历并不是向他人表示同情的理由。对于痛苦的经历，人们倾向于"好了伤疤忘了痛"。例如，自己生孩子时有过难忘经历的女性，不一定会体察正处于怀孕期的女性的痛苦，可能就是这个原因。（图2）

无法与立场不同的人产生共鸣，这种情况在日常生活中很常见。父母和孩子，丈夫和妻子，病人和医生，除非你和他们的立场、境遇相同，否则很难相互理解。这就是二者产生分歧的原因。因此，作为一种站在对方的角度加以思考的训练，角色扮演法可以说是解决差距的第一步。

你所看到的可能不是你自己的光环，而是你父母的荣耀。

## 43

Halo Effect

# 光环效应

| 含义 | 当发现某人在某方面很优秀（或有不足）时，我们倾向于认为其在其他方面也很优秀（或有不足）的现象。 |

| 关联 | 确认偏见（→第 152 页）、巴纳姆效应（→第 178 页）、刻板印象（→第 182 页） |

## ▌漂亮的人内心也很美丽吗

你正走在大街上，与一位美丽的女士擦肩而过。她穿着干净整洁，正与另一位女性悠闲地聊天。

你并不认识她，但如果让你想象一下她是个什么样的人，你会想到什么呢？

她看起来很温柔？她看起来工作能力很强？你是不是想到了这些"正面"评价的词语？肯定很少有人会想到"负面"评价吧，如"不好相处"或"性格不好"等。

我们并不能准确地了解世界的一切。所以，对不知道的事情，我们很大程度上要靠推测。推测就是"根据信息或知识对某事物加以猜测"。换句话说，你会利用从外表看到的明显信息来**推测**刚才那位女士的内心。

此时，我们倾向于支持我们最初掌握的信息。在上面的例子中，基于"美丽""干净"和"悠闲"这些信息，我们对这位女士有了正面的评价。

也就是说，一开始就给对方提供正面信息的人，很容易被认为在其他方面也很出色。

有一个实验表明，长得好看的人写的论文比那些长得不好看的人写的论文能得到更高的评价（图 1）（Landy and Sigall, 1974）。

**光环效应**就是指我们会根据某些突出特征来推测某人或某物在其他方面的表现的现象（Thorndike, 1920）。

**图 1　外表对论文得分的影响**

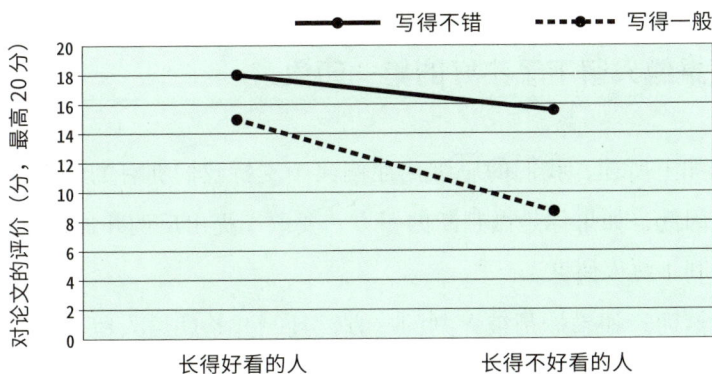

该图根据『美人の正体』（越智啓太、实务教育出版、2013）中的表格数据制作。

## 父母光环产生的原因

为什么会出现这种情况呢？这里请大家思考一个问题。

假设一个朋友跟你说："听说有一个占卜师占卜特别准。"此时，你会不会问："哇，有多准？"

我想说的是，很少有人会问"有多么不准"。当我们听到"很准"这种说法时，往往会下意识地寻找证据来支持这一说法。

这就是所谓的确认偏见。

就本节开头的那位女士而言，我们根据她的外表和特征得出了许多"积极评价"，这很可能是确认偏见在起作用，为了证明她的优秀，我们不愿面对否定性信息。

因父母有名气而备受追捧的孩子被嘲笑为"沾父母的光"，这种现象也是由人类思维的偏见造成的，即大家都认为如果父母很优秀，那么孩子也一定差不了。

## 如果给人留下了不好的第一印象

如上所述，我们的思维往往偏向于支持我们拥有的信息和知识。因此，如果你是做判断的一方，要敢于提出反例并加以讨论，这有利于减少偏见。

然而，如果你是被评判的一方，且一开始就给人留下了不好的印象，是否就难以挽回了呢？

非常幸运的是，有一种方法可以扭转这种不好的印象，且非常有效。它利用了"坏人做好事比好人做同样的事更能得到较高的评价"这一现象。

这被称为得失效应（Aronson and Linder, 1965），即一个人的情感变化越大，留下的印象就越深刻。（图 2）

换句话说，从负面的坏印象到做好事的正面印象，对方情感发生了巨大变化，从而得到了比本应得到的更显著的效果。

因此，如果你觉得对方对你的印象不好，你可以通过有意识地增加积极行为，有效地将自己的印象从负面变为正面。

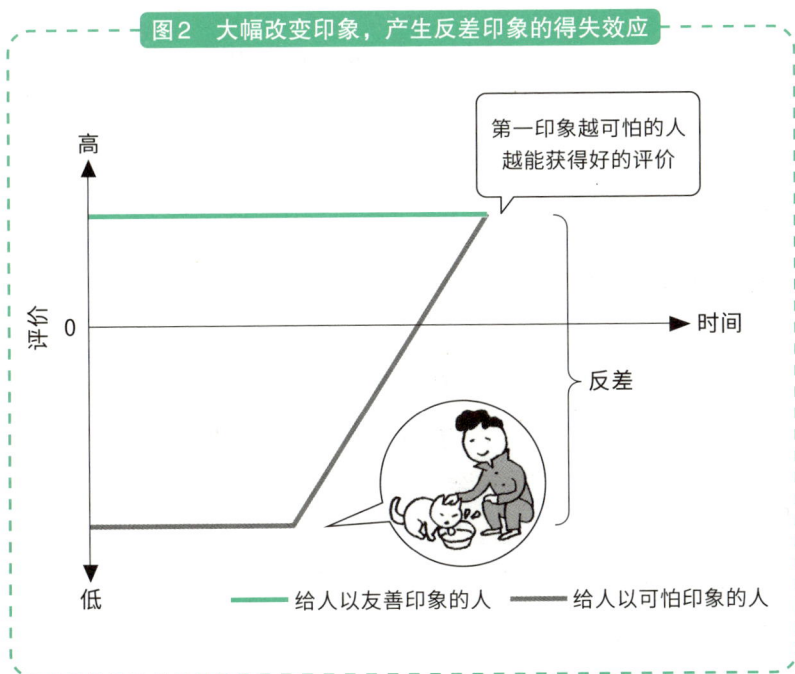

图2　大幅改变印象，产生反差印象的得失效应

第一印象越可怕的人越能获得好的评价

反差

—— 给人以友善印象的人　　—— 给人以可怕印象的人

你的算命结果可能适用于许多人！？

## 44

Barnum Effect

# 巴纳姆效应

| 含义 | 接受适用于大多数人的关于性格的常见解释，并认为这些解释很适合自己的现象。 |

| 关联 | 光环效应（→第 174 页）、刻板印象（→第 182 页） |

## 为什么占卜很准

A 先生是一个豁达开朗、很有爱心的人。

有一天，他看了一下自己的性格测试结果，上面写着："有点神经质，经常注意到别人的错误。"

读到这里时，你可能会觉得这个性格测试"不准"。然而，如果把它当作自己的事情来看，而不是当作别人的事情时，许多人都会觉得算得"很准"。

在解释这个机制之前，我先介绍其中一项关于占星学性格测试的研究。

法国心理学家、统计学家和占星学专家高全林在报纸上刊登了一则广告，内容是提供免费的占星学性格测试（Eysenck and Nias, 1982）。他给每个申请者发送了完全相同的占星学性格测试结果，该结果是根据一个暴力罪犯的出生日期得出的，然后要求申请者回答诊断结果是否准确。结果，在参加测试的 150 人中，94% 的人都说非常准确。

这个实验表明，当被告知"这是你的性格测试结果"时，人们往往会觉得对，并接受测试的结果。（图 1）

如果这个实验的结果是正确的，那么无论给 A 先生看什么样的结果，他都极有可能觉得预测很准确。

图 1　占星学的准确率

有时你会把自己想说的话憋在心里。

对！对！

为什么会出现这种情况？答案是，因为我们每个人的性格都有各种各样的侧面。

例如，前面的 A 先生平时是一个很豁达开朗的人，但对于自己的爱好他则特别在意细节，不同情况下给人的印象也不同。说他经常注意到别人的错误，并不是否定的意思，而是因为他有爱心，总想帮助别人。

即使你通常认为自己很豁达，但当被告知其实你也有点神经质时，你就会在自己身上寻找神经质的痕迹。因为在任何情况下都不神经质的人可谓凤毛麟角。

因此，几乎所有人都会找到自己神经质的痕迹。其结果就是，我们都觉得占卜很准。

## 什么是巴纳姆效应

正如在高奎林的实验中所见的一样，看到很笼统的性格描述时，人们倾向于认为这些描述很适合自己，这一发现被命名为巴

图2　研究巴纳姆效应时使用的"适用于所有人的句子"

- 你希望被别人喜欢和表扬。
- 你倾向于自我批评。
- 你还有一些未发掘的潜力。
- 你的性格中有一些弱点，但你通常能够弥补这些弱点。
- 目前你在性适应方面遇到了问题。
- 从表面看你很自律，能够自我约束，但内心却有些焦虑和不稳定。
- 有时你会严重怀疑自己做出的决定和行动是否正确。
- 你喜欢一定程度的变化和多样性，对禁止和限制感到不满。
- 你相信自己能够独立思考，不会在没有充分证据的情况下接受他人的陈述。
- 你认为向他人公开透露太多自己的隐私是不明智的。
- 你有时很外向，和蔼可亲，善于交际；有时又内向，谨慎，害羞。
- 你的一些愿望非常不现实。
- 你的生活的主要目标之一是安全。

引用自『不思議現象：なぜ信じるのか こころの科学入門』（菊池聡・谷口高士・宮元博章編著、北大路書房、1995）。

纳姆效应（Meehl, 1956）。（图 2）

巴纳姆是当时负责马戏团的团长的名字，马戏团的节目被认为是每个人都能欣赏的，之所以这样命名，据说是因为巴纳姆效应与马戏团的节目"适合每个人看"这一点有相似之处。

读到这里，有些读者可能已经意识到了一个问题，即占卜是否准确，取决于被占卜人自己的解释。人们总会寻找自己与别人的说法相一致的部分。

## 如何避免被占卜所骗

如前所述，人们倾向于收集对自己有利的东西，并按照自己认为合适的方式加以解释。如果这么做的目的是提高自我肯定感，这可能是有用的。但这也可能导致过度的自我效能感（认为自己有能力做某事）。因此，如果你认为自己能做成的一些事情，最后以失败告终，那么你的自我肯定感就会下降。

毫无科学依据的东西会对自己的人格产生不好的影响，为了避免这种不良后果，就要掌握必要的知识，这一点非常重要。

也就是说，巴纳姆效应确实存在，而且人们也很容易受到它的影响。记住这两点将有助于防止自我肯定感的过度下降。

此外，还要养成习惯，经常检查是否有遗漏，并思考反例，问自己如果呈现的运势是相反的，自己是否还会觉得正确，这样做将有助于我们正确把握事物。

对待任何事情都一样，不要囫囵吞枣似的相信别人告诉你的东西，要亲自去审视它，这很重要。

图书管理员就一定是安静严肃、戴着眼镜的女性形象吗？

## 45

Stereotype

# 刻板印象

**含义** 忽略特定群体或类别的个体差异，例如性别、出生地和职业等，而将其概括为同一特征。

**关联** 光环效应（→第 174 页）、巴纳姆效应（→第 178 页）

## 血型性格论的分类

血型性格论的分类指的是根据 ABO 血型将一个人的性格和行为分为不同的特征。（表 1）最常见的是以下几种特征：A 型血的人一丝不苟，非常认真；B 型血的人阳光开朗，坚持自我；O 型血的人性格随和，不拘小节；AB 型血的人是有些古怪的两面派（詫摩，佐藤，1994）。在谈话中，我们经常听到人们说"因为某人是X 型血的人"这样的话，但这真的是一个正确的分类吗？

在心理学中，有一个术语叫刻板印象，指的是通过性别、出生地、职业等"区分多个群体"的事物，忽略属于该群体的每个个体的特征差异，将成员统一起来赋予特征。在将不好的特征与

表1 对各血型的印象

| 回答 | A | O | B | AB | 合计 |
|---|---|---|---|---|---|
| 严谨细致 | 111 | 0 | 0 | 0 | 111 |
| 神经质 | 77 | 1 | 1 | 3 | 82 |
| 认真负责 | 54 | 0 | 0 | 3 | 57 |
| 豪爽 | 0 | 90 | 1 | 0 | 91 |
| 不拘小节 | 0 | 25 | 4 | 0 | 29 |
| 沉稳 | 0 | 16 | 1 | 0 | 17 |
| 开朗 | 4 | 16 | 38 | 1 | 59 |
| 以自我为中心 | 0 | 8 | 33 | 1 | 42 |
| 有个性 | 0 | 2 | 23 | 6 | 31 |
| 敷衍 | 0 | 0 | 17 | 0 | 17 |
| 任性 | 0 | 2 | 12 | 1 | 15 |
| 自私 | 1 | 3 | 11 | 0 | 15 |
| 乐天派 | 0 | 8 | 10 | 0 | 18 |
| 有趣 | 0 | 2 | 10 | 1 | 13 |
| 双重人格 | 0 | 1 | 0 | 77 | 78 |
| 两面性 | 0 | 2 | 18 | 64 | 84 |
| 古怪 | 0 | 0 | 1 | 13 | 14 |
| 让人猜不透 | 0 | 0 | 0 | 12 | 12 |

提取调查参与者（N=197）回答频率比较高的（10 个以上）项目所做的汇总。引用：佐藤達哉『ブラッドタイプ・ハラスメント：あるいは AB の悲劇』詫摩武俊／佐藤達哉編　現代のエスプリ 324「血液型と性格」至文堂、1994 年。

群体相关联时，可能会出现问题，从而导致偏见和歧视。

## 刻板印象对认知的影响

下面介绍一个著名的实验，主要研究刻板印象对人们的影响。

对于一位女性的职业，50% 的实验参与者被告知为"图书管理员"，另外 50% 的参与者被告知为"服务员"，实验者还给参与者

图1　她是图书管理员？还是服务员？

向实验参与者展示一对夫妇庆祝生日的视频，结果显示，
无论是被告知女性的职业是"图书管理员"的一组，
还是被告知女性的职业是"服务员"的一组，都更容易记住与该职业的
形象相符的信息（即与刻板印象一致）。

看了一段她与丈夫在家里庆祝生日的视频。这段视频展示了"女性戴着眼镜""书架上有很多书"等与图书管理员"认真""喜欢读书"等相关的 9 个刻板印象特征，以及"吃汉堡包""听流行音乐"等与服务员"开朗""活泼"相关的 9 个刻板印象特征。在观看完视频后，实验者要求参与者回忆视频的内容，结果发现两组人的回答更多的是与他们被告知的职业有关的特征（Cohen, 1981）。（图 1）

也就是说，我们关注的对象会根据我们事先收到的信息发生改变。因此，我们的记忆会出现偏见，而这些有偏见的记忆又强化了刻板印象。

## 血型性格分类与刻板印象

以往的研究表明，先了解共性，再了解个体差异，比逐一详

细了解群体成员之间的差异更有效率（Hamilton，2017）。然而，把一群人放在一起定性存在一个很大的问题。

根据日本红十字会的数据，日本各血型人数的比例为 A：O：B：AB=4：3：2：1。即十人中就有四人是 A 型，三人是 O 型，两人是 B 型，一人是 AB 型。

我们说过，绝对少数派的 AB 型血的人特点是"古怪"。因为在大多数人眼中，"不同于自己"就意味着"古怪"。这是血型性格分类中刻板印象特征的另一面。

尽管上面说了这么多，但我们应该注意的是，血型决定性格的说法缺乏科学证据，已经被否定了（上村，佐藤，2006）。

## 刻板印象、歧视和偏见

大家还需要记住的一点，"少数派很显眼，显眼的东西容易相互关联"（Hamilton and Gifford，1976）。

根据 2010 年的美国人口普查结果，白人与黑人的比例为 72.4%：12.6%，即黑人较少。此外，2018 年每 10 万人的犯罪率为 4.96%，很显然犯罪的人很少。然而，对少数显眼人物的关联和高估，致使他们更容易被报道，于是看到此报道的人形成了"黑人会犯罪"的刻板印象。这种现象导致了许多歧视和偏见。拥有正确的知识可以帮助我们减少这些不正常的现象。

如果想准确验证这件事，就需要确定黑人在犯罪中的占比，并与白人的占比进行比较。在此基础上的说法才是有根据的，而不是偏见。

一件好事能不能成为抵消一件坏事的免罪符？

## 46

Moral Credential Effect

# 道德许可效应

| 含义 | 认为公众会原谅那些为社会做出贡献的人的轻微不道德行为。 |

| 关联 | 确认偏见（→第 152 页）、巴纳姆效应（→第 178 页）、刻板印象（→第 182 页） |

## 如此优秀的人为什么会做出这种事

当发生重大事件时，有时嫌疑人的熟人会被采访。你可能听到过这样的评论："想不到这么优秀的人竟然也会这样"或"那么积极参加志愿活动的人竟然……"。

热衷于公益活动，或在注重社会贡献的公司担任董事，或因从事有益于社会的活动而闻名的人，这些人犯罪或做出不道德行为的情况并不少见。其中一个主要原因是"当事人的自以为是"产生的偏见。

这种偏见使这些人误以为自己似乎有免罪符。也就是说，他们认为自己很了不起，对社会很有用，所以不自觉地认为，自己这么厉害，即使做了不道德的事情也可以被原谅。这被称为**道德许可效应**（Monin and Miller, 2001）。（图 1）

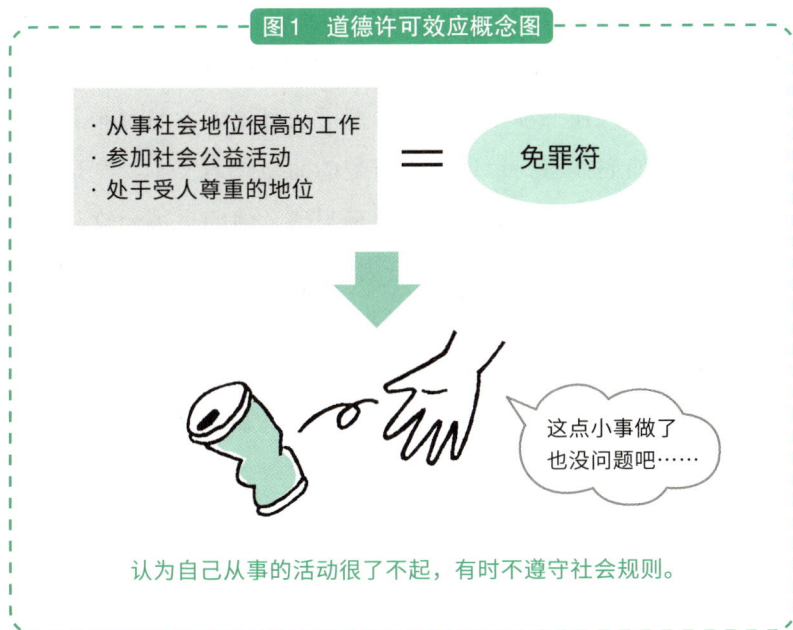

**图 1　道德许可效应概念图**

· 从事社会地位很高的工作
· 参加社会公益活动
· 处于受人尊重的地位

＝ 免罪符

这点小事做了也没问题吧……

认为自己从事的活动很了不起，有时不遵守社会规则。

自古以来，这种思维方式在社会的各个方面都有体现。

例如，在那些曾经被认为"神圣"的职业中，不合理行为会被默认为指导过程的一部分，也就是说，掌权的人在许多情况下会受到优待。

在一些事件发生后，人们会说"那么优秀的人为啥会做这种傻事"，其实这种话背后存在一种错误的观念，即认为善行可以抵消不良行为。

## 社会贡献是否能降低出现不当行为的门槛

近年来，有研究表明，从事对社会贡献大的工作会助长员工的不良行为（List and Momeni, 2017）。换句话说，意识到自己在为社会做一些有益的事情，会更容易在工作中做出不正当行为。

利斯特等人在一项实验中给非德语为母语的参与者布置了一项任务，让他们抄写一篇印刷不清楚的简短德语文本。全部抄写完成的参与者会得到事先承诺的全额报酬，他们也被允许跳过那些难以阅读的部分，且报酬并不会因此而减少。

在这个实验中，事先被告知其报酬的 5% 将被捐赠给一个国际知名的慈善机构的小组，比没有被告知的小组跳过了更多原本能够看懂的部分，他们给出的理由是"看不懂"。研究还发现，那些预先收到部分报酬的人中，有较高比例的人最终没有完成任务。（图2）

需要说明的是，除了基准条件，无论捐赠或不捐赠，参与者获得的报酬金额是一样的。

图2　从利斯特的实验看社会贡献度与出现不当行为的门槛

| | 被告知捐赠行为的一组 | 未被告知捐赠行为的一组 |
| --- | --- | --- |
| 任务的完成质量 | 低 | 高 |

为社会做贡献的意识，导致工作懈怠

## 日常生活中的道德许可效应

道德许可效应是由人们意识到自己做了了不起的事情，或周围的人对自己刮目相看而引起的。

例如，比较常见的是，不管是男是女，一家的经济支柱在家里都表现得很傲慢，认为自己更有权力，以及自己的行为非常合理，会理所应当从处于弱势地位的人那里获得好处。一方面，认为男人比女人优越的男人想当然地认为他们应当得到比女人更好的待遇；另一方面，认为女人应该受到庇护的女人，受到与男性一样的平等对待时往往也会不高兴。

所有这些都是由内心的自我优越感滋生出的一种扭曲现象。

## 保持谦逊是最好的应对方法

前面已经提到，道德许可效应并不局限于特定的人，也可能发生在普通人的日常生活中。

例如，一个人参加志愿者活动，为社会做了贡献，他可能会错误地认为，在不太显眼的地方做出一点小小的不良举动是可以被原谅的，比如认为自己可以在路上短时间停车。

当你可能犯罪或做一些伤害他人的不道德行为时，要尽量约束自己，认识到自己的天真，不要觉得"稍微做一点儿坏事也会被原谅"，这一点很重要。

此外，当有人劝诫你停止不良行为时，是选择感激对方，还是选择无动于衷，这将极大改变你的生活方式。

别人的失败是其能力不足。那么，自己的失败应归咎于什么呢？

## 47

Fundamental Attribution Error

# 基本归因错误

| 含义 | 在解释别人行为的原因时，倾向于过分强调其能力或性格因素，而轻视情境、环境等因素。 |
|---|---|
| 关联 | 内群体偏见（→第 194 页）、终极归因错误（→第 198 页） |

## ▌摔倒的原因是什么

如果你听说一个朋友一个月前因摔倒骨折，这周又受了同样的伤，你会怎么想？

你可能会想"他太大意了"或"他不够小心"，而很少考虑当事人所处的情境或环境，比如那个地方的地板湿滑或台阶很隐蔽等。

一方面，当我们推测个人行为的原因时，往往会高估自己的能力和性格等内部因素的影响，将其归属为原因。

另一方面，我们倾向于低估情境和环境等外部因素对自己的影响（Myers, 1987），这被称为基本归因错误（Ross, 1977）。

## 受指示的行动和个人意见

即使我们非常清楚有外部因素的影响，也会产生基本归因错误。

美国曾有研究人员做过下面这样一个实验。

实验参与者被要求阅读一个政治学专业的学生写的支持或批评某个政治家的文章。参与者事先被告知，文章并不反映学生的真实想法，只是按照老师的要求写的。

读完文章后，要求参与者猜测该学生对该政治家的真实想法。

猜测的结果是，写支持文章的学生实际上支持政治家，而写反对文章的学生实际上反对政治家（Jones and Harris, 1967）。

换句话说，即使明确说明了"存在老师的指示"这一第三方干预，学生所表达的意见也被误认为是其内部因素的结果。

例如，混淆演员本人和其所扮演角色的现象非常常见。扮演温柔、善良角色的演员，往往会被认为在现实生活中也是这样一个人。如果扮演的是正面角色，这是有好处的，因为会给人留下良好的印象，但当演员扮演坏人时，就会出现问题。因为扮演得越好，给人的印象就越差，这一点很让人头疼。（图1）

同样，当别人生病时，人们很容易认为是病人自己的错，认为生病是由内部因素引起的，例如不注重健康等。因此，要完善医疗补助制度可能需要较长的时间，尤其是在当事人之外的人负责探讨制度时，这种现象更有可能发生。

图1　有时会将演员和其扮演的角色混为一谈

这个演员真讨厌！

## 为什么会出现基本归因错误

　　基本归因错误是将某人的行为归因于内部因素，但研究发现，"他人"的行为更有可能被归因于内部因素，而"自己"的行为更有可能被归因于外部因素。这被称为行为者－观察者偏见（Jones and Nisbett, 1972）。（图2）

　　例如，把陌生人错认成朋友这件事，如果是他人认错的，你可能会认为"他不小心"。但如果是你自己认错了，你可能想说"他们看起来太像了"。

　　造成这种差异的原因之一是可用信息和注意力关注点的不同。行为者通常比观察者拥有更多的信息。在认错人的例子中，行为者可能拥有观察者所没有的信息，比如朋友计划要去哪里或者穿着相同的衣服。这种信息量的差异被认为会导致不同的归因。

也有人认为，人们倾向于将原因归于明显的事情，以减少认知负荷，但与情境有关的因素却很难引起人们的注意。

这导致人们在针对他人的事情时会更强调内部因素，也更容易出现基本归因错误。

错误归因的产生机制被认为与多种偏见有关。

因此，小心谨慎地对待一件事并不能防止错误归因。为了避免盲目相信自己的想法，意识到我们在无意识中很容易出现错误归因这一事实非常重要。因为，自认为没有偏见才是最可怕的。

图2　行为者-观察者偏见的倾向性

因为要绕开道路上的垃圾！
（外部因素）

是你太不注意了！
（内部因素）

当事者倾向于把责任归因于外部因素，
而别人倾向于将其归因于内部因素。

# 48

Ingroup Bias

# 内群体偏见

含义 > 对自己所属的群体（内群体）或该群体的成员有很高评价或
好感。

关联 > 基本归因错误（→第 190 页）、终极归因错误（→第 198 页）

## 自己的孩子是最好的吗

不言而喻，无论是儿童还是宠物，同一类别里都有许多个体。
群体中的一些人可能有各种良好的特质，如长得特别好看，非常
友好或非常聪明。尽管我们都知道，我们的孩子和宠物并不是最
好的，但仍会有许多人觉得"自己家的最好"。

在工作很不顺利的某天，你回到家打开门，你的孩子微笑着
向你跑来，嘴里说着"欢迎回家！"，此刻你是否会觉得非常幸
福，认为没有人像自己的孩子那么可爱？

我并不是要破坏你的幸福，但如果我告诉你，在这些情况下
有一种偏见在起作用，你会感到惊讶吗？

有研究表明，比起自己不属于的群体（外群体）和该群体的成员，人们倾向于对自己所属的群体（内群体）和该群体的成员有更高的评价和偏向（Tajfel et al, 1971）。这种现象被称为**内群体偏见**。（图 1）

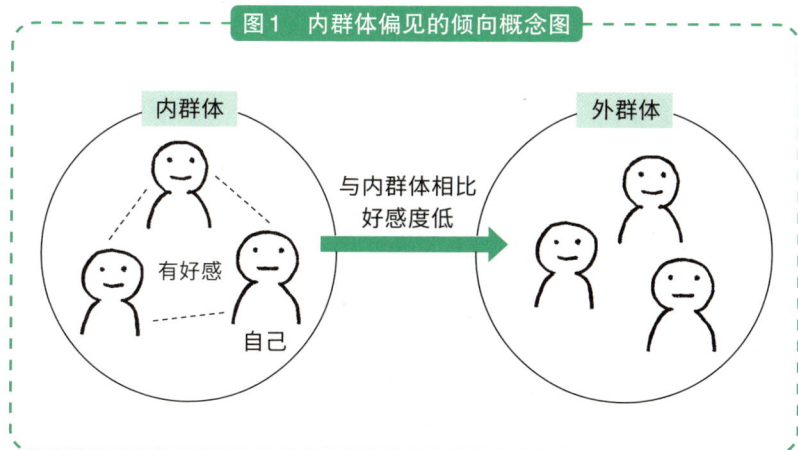

图 1　内群体偏见的倾向概念图

同一群体中的关系强度也有不同，有联系紧密的，例如家庭或工作场所中的成员；也有第一次见面连姓名都不知道，只是为了方便而被分到一组的。

其中，关系特别简单的群体被称为**最小条件组**。亨利·泰弗尔等人在实验室里构建了这个小组，并使用一种叫作**最小条件组范式**的方法设计实验。结果发现，在内群体和外群体之间，即使内群体中不存在利益关系，仅仅是被分到一组，人们也会产生对内群体的偏袒。

参与者 8 人一组，他们被要求猜测屏幕上黑点的数量，然后根据他们的猜测结果比实际的多或少，将他们分为两组。这项任务的目的只是为了分组而设定的。

然后由内群体与外群体的成员一一组队，要求他们决定如何分配报酬（表1）。尽管众人一开始并不熟悉，只是当场被安排在同一小组，但一些参与者还是选择了让内群体的成员得到更多的分配方法。

表1 报酬分配表

内群体偏袒 ◄————————————► 外群体偏袒

| 内群体成员 | 14 | 13 | 12 | 11 | 10 | 9 | 8 | 7 | 6 | 5 | 4 | 3 | 2 | 1 |
|---|---|---|---|---|---|---|---|---|---|---|---|---|---|---|
| 外群体成员 | 1 | 2 | 3 | 4 | 5 | 6 | 7 | 8 | 9 | 10 | 11 | 12 | 13 | 14 |

## 内群体偏袒和歧视

对内群体产生好感本身并没有错，就像在奥运会上为自己国家的运动员欢呼一样，我们不能说这是在歧视其他国家运动员。

然而，如果你太想让内群体处于优势，以至于试图拖累或攻击外群体，这很有可能会变成歧视。为了消除自己国家群体间的歧视而将其他国家或民族作为共同的敌人，这是一种常见的手段。

同样，许多人试图通过列举和诋毁他们不喜欢的东西来肯定他们喜欢的东西，这也是一种常见的错误。

对其他事物的批评并不能增加自己喜欢的事物的内在价值。相反，周围的人甚至会回避做这种事的人，所以要多加注意。

## 如何消除群体间的歧视

有一项研究探讨了消除群体间冲突的方法（Sherif, et al.,1988）。该研究将孩子们分成两组活动，以便在小组内提高凝聚力。然后，让小组之间在体育或其他活动中相互竞争。当冲突变得非常激烈时，实验者试图找到有效的方法来减少冲突。

结果显示，一起看电影或一起吃饭对减少冲突没有显著影响。然而，当两组人被要求共同解决一个必须通力合作才能克服的问题时，对外群体给予积极评价的孩子的比例明显增加。该研究的结论是，提供冲突群体之间必须相互合作才能解决的问题，可以减少群体间的歧视。

### 图2　合作与纷争

外星人来袭能减少内群体偏见引起的
国际纷争吗？

例如，很多故事中原本对立的两组人身处同一场所，且面临不同心协力就无法克服的困难，这种剧情正是典型的例子。

在局势千钧一发之际，如果联合对手共同克服困难，就能将绝境转化为获得强大盟友的好时机。

严于律人，宽以待己。这种偏见可能会阻碍我们的成长。

# 49

Ultimate Attribution Error

# 终极归因错误

| 含义 | 一方面，把一个不包括自己的群体（外群体）或其成员的成功归因于情境（外部因素），而把他们的失败归因于天赋或努力（内部因素）。另一方面，把自己所属的群体（内群体）或其成员的成功归因于天赋和努力，而把失败归因于情境。 |
|---|---|
| 关联 | 基本归因错误（→第 190 页）、内群体偏见（→第 194 页） |

## 你的盟友团队是否能力更高

假设你爱好足球，并且是足球队的一员。

当你的队友进球时，你肯定会认为这是"平时努力的结果"或者"水平很高"。而当队友丢分时，如果你认为这是因为"今天地面很滑"或者"风太大"，那么你就陷入了典型的**终极归因错误**。

如果这种偏见在起作用，那么当对方队员进球时，我们倾向于认为是"风向比较好"或"凑巧球的角度比较好"。当对手球队处于劣势时，我们往往认为"他们没有努力练习"或者"水平太差"。

也就是说，我们把自己的群体（内群体）或其成员的成功归因于努力和能力，把失败归因于运气和环境；而把不包括自己的

**表1　终极归因错误的倾向**

|  | 成功时 | 失败时 |
|---|---|---|
| 对于内群体 | 努力和能力的结果 | 运气和环境不好 |
| 对于外群体 | 运气和环境的结果 | 努力程度不够、能力不足 |

群体（外群体）或其成员的成功归因于运气和环境，把其失败归因于努力和能力（Pettigrew, 1979）。（表1）

## 个人和群体

社会认同理论认为，自我认知是由一个人所属的群体塑造而成的（Tajfel and Turner, 1979）。

根据这一理论，人们通过在个体之间做比较来提高自尊心，例如，"我可以比某某跑得更快"。同样，通过比较内群体和外群体，如"我所在大学的足球队是全省最强的"，也能达到类似的效果。

社会认同理论让我们感到发生在内群体中的好事对我们来说也是好事，这会增强我们的自尊心，使我们有一种幸福感。内群体和自己之间的统一感越强，效果越好。

此外，对于内群体的每个成员，我们会有很强的集体感，并将群体成员视为自己的伙伴。

例如，在一个由多个成员组成的偶像团体中，我们支持的单一成员被称为"单推"，是"单一推荐的成员"的简称。而支持整个团体而非某个成员时，就叫"箱推"，这种对内群体"箱推"的状态往往就是终极归因错误。

## 如何看待日本和韩国在世界杯上的表现

有研究人员以 2002 年国际足联世界杯为主题，以日本大学生为研究对象开展了一项研究（村田，2003）。

在这场由日本和韩国共同主办的比赛中，日本队进入 16 强，韩国队进入 4 强。大学生们被问及如何看待这一结果。

调查显示，接受调查的人认为这两个国家的成绩都很理想，很多人将自己的内群体（日本）的表现归功于"他们坚持努力的结果"这一内部因素。

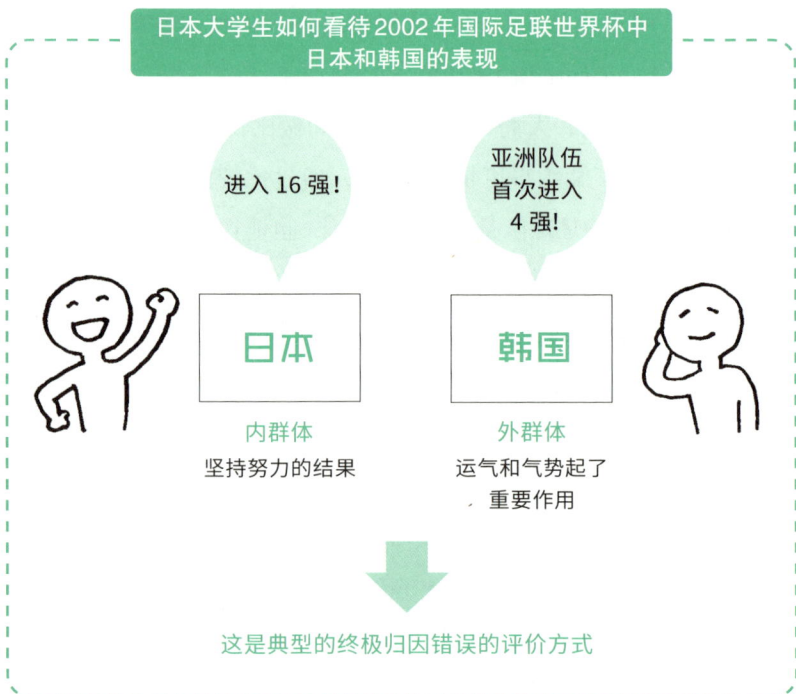

日本大学生如何看待2002年国际足联世界杯中
日本和韩国的表现

进入 16 强！

亚洲队伍
首次进入
4 强！

日本

韩国

内群体
坚持努力的结果

外群体
运气和气势起了
重要作用

这是典型的终极归因错误的评价方式

而外群体韩国队的表现更多地被归因于"运气和气势"这一外部因素。这正是终极归因错误的结果。

## 终极归因错误的陷阱

一个主要的问题是，终极归因错误的偏见会导致我们对自己、对内群体和外群体产生误解。这会使我们无法准确地衡量两组人的实力。

如果意识不到内群体的成功和胜利与运气和环境等外部因素有关，我们就会高估自己的能力。这意味着在外部因素无法起作用时，我们就不能取得期望的结果。在这种情况下，我们的自尊心和自我效能感可能有被削弱的危险。

而对于外群体来说，不把对手的成功归因于努力和能力，可能会导致轻视对手或把歧视正当化的后果。

另外，我们也可能会失去反思这种不合理的想法、努力追赶其他取得好成绩的对手的机会。

为了防止发生这种状况，批判性思维，即逻辑思维训练是比较有效的方法。

# 50

过度责备对方是因为想要保护自己。

Defensive Attribution Hypothesis

# 自我防御性归因假设

| 含义 | 当发生不好的事情时，把自己置于施害者或受害者的位置，高估处于不同立场的人的责任。 |

| 关联 | 无 |

## 处罚是否得当

在看某些关于犯罪的新闻报道时，你是否会觉得对罪犯的量刑太轻或太重？特别是在性犯罪和虐待案件中，许多人都觉得处罚太轻。

刑罚是根据法律规定的，除非法律有变，否则刑罚不能超过现行规定的上限。然而，当刑罚在规定范围内从轻或从重时，关乎着施害者应当承担的责任。此时，在推测行为原因的所谓因果归因的过程中就会出现偏见。

## 自己的立场和当事人的立场

事件的"原因"都不止一个。例如，在一起事故中，一个孩子从视线较差的十字路口跑出来，被一辆汽车撞倒，原因是什么？是司机的粗心大意（施害者）、孩子跑出去（受害者），还是视线较差（情境）的缘故呢？

暂时抛开法律上的正确答案不谈，在这种情况下，我们会从许多可能的原因中选出我们认为责任最重大的一个，并认为它是原因。然而，这只是一种推断，我们的判断会有偏差。例如，当我们试图评估事故等负面事件的当事人（施害者或受害者）时，往往会把自己置于与自己相似的人的位置上，而高估那些与自己不相似的人的责任。这被称为自我防御性归因假设（Shaver, 1970）。（图 1）

关于自我防御性归因假设的实验表明，意外车祸造成的后果越严重，人们越倾向于将主要责任归于司机（Walster, 1966）。之所以会出现这种情况，是因为做出判断的人会试图避免陷入与受害者类似境地，这让他们感到无所适从。

如果事故不严重，我们可以用运气不好来说服自己，但事故越严重，就越需要追究司机的责任。不管运气好还是坏，一想到一场严重的事故也可能会发生在自己身上，我们就会感到不安，而追究司机的责任可以减少我们的不安。

其他研究人员在做这个实验时，则提出了一个不同的假设（Shaver, 1970），认为事故的当事人和判断者之间有个人相似性这一点很重要，越相似，越会低估施害者的责任。

其推测的依据是，当自己是事故的施害者时，避免被追责的

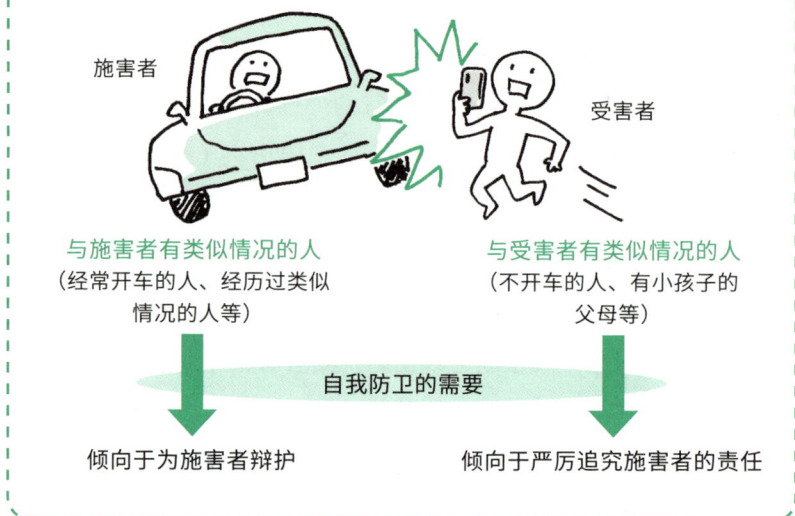

图1　如何判断施害者和受害者的责任

施害者

受害者

与施害者有类似情况的人
（经常开车的人、经历过类似
情况的人等）

与受害者有类似情况的人
（不开车的人、有小孩子的
父母等）

自我防卫的需要

倾向于为施害者辩护

倾向于严厉追究施害者的责任

愿望比自己是事故受害者时追究施害者责任的愿望要强烈。

　　这两种假设中有一个共同的机制，即判断者出于保护自己的需要而产生了偏见，这种偏见就是自我防御性归因假设。

## 潜藏在性犯罪和虐待案件中的陷阱

　　前面说过，比起与自己有相似经历的人，做出判断的一方会要求那些与自己没有相似经历的人承担更多的责任。让我们想一下国家相关部门中负责判断性犯罪和虐待者责任的人都是谁。大家应该会立即想到，判断者都是成年人，而且大多数是男性。

　　根据2019年日本警察厅的统计，2018年强奸和猥亵事件的受害者中 96% 是女性。虐待案件中大多数受害者也是儿童和女性。在虐待儿童案件中，施害者多为成年人，其中 73% 都是男性。

根据日本一项对 796 名 20 岁至 80 岁男女的互联网调查（Airtrip，2020），多达 66% 的受访者认为对虐待儿童案件的处罚过轻。然而，从心理学的角度来看，处罚难以改变的原因是，有能力实现改变的那些人很少有当事人或与当事人处于同一立场的人。（图 2）

为了避免误解，特在此做出明确说明，我并不是批评说对性犯罪和虐待的处罚较轻是男性的过错。我只是指出，不仅仅是性别，当在有偏见的情况下做出判断时，自我防御性归因假设可能会妨碍人们做出准确的判断。

也就是说，要想消除群体内个人思维的偏见，最重要的一点是让不同性别、年龄、职业等各种属性的人都参与进来。

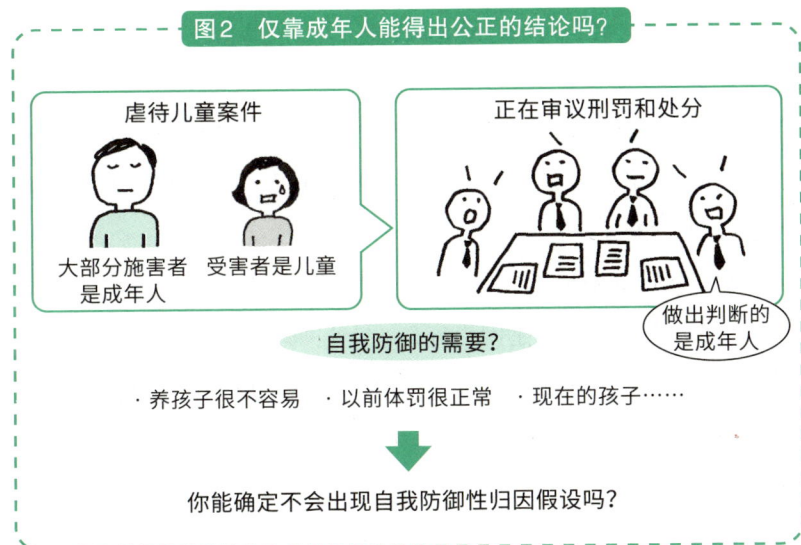

图2　仅靠成年人能得出公正的结论吗？

虐待儿童案件

大部分施害者　受害者是儿童
是成年人

正在审议刑罚和处分

做出判断的
是成年人

自我防御的需要？

·养孩子很不容易　·以前体罚很正常　·现在的孩子……

你能确定不会出现自我防御性归因假设吗？

# 51

为什么浦岛太郎没有听从乙姬公主的叮嘱，打开了玉盒？

Psychological Reactance

# 心理抗拒

| 含义 | 当感觉自己的选择和行动自由受到限制时，人们就会反抗那些限制自己的人，并试图采取对抗行动。 |
|---|---|

| 关联 | 安于现状偏差（→第 210 页）、公正世界假设（→第 214 页）、系统导向偏差（→第 218 页） |
|---|---|

## ▌严厉的禁止会起到相反的效果

"在我织完以前，一定不要偷看我的房间。""你一定不要打开这个玉盒。"前者出自童话故事《鹤的报恩》，后者出自日本民间传说《浦岛太郎》。

这两个故事中的人物均被禁止"打开"这一行为，但他们却没有遵守承诺，这仅仅是因为好奇心太强吗？

当原本的选择和行动自由受到他人的威胁时，人们会刻意去做被禁止的行为，以重新获得自由，这被称为心理抗拒（Brehm，1966）。

在前面的两个故事中，打开自家拉门或玉盒的自由受到了限制。通常认为，这种限制加强了"想打开看看"的感受。

## 善意的提醒是多管闲事吗

眼前有一碗美味的拉面，但有人告诉你不应该吃太咸的食物；或者在你开心地翻阅杂志时，被人说不要光看漫画，应该多读文学作品，你是否有为此类事情生过气？从常识来考虑，肯定是不要吃太多的盐比较好，而且大多数人都会同意；阅读文学作品则是开阔视野的好方法。别人告诉我们的做法应该是正确的，但不知何故，这会让我们感到很烦躁。

图1 反效果

不要按，绝对不要按！

请勿按下

这同样也是因为我们的行动自由受到了限制。这就是出于为对方考虑而提出的建议，却会产生相反效果的原因。（图1）

## 有些东西越难得到，我们就越想得到

实验证实，稀缺性是造成心理抗拒的原因之一。

在一项研究中，为了调查消费者的偏好，实验参与者被要求品尝并评价饼干的价值。实验结果显示如下：

①尽管饼干是一样的，但一罐装两块的饼干被认为比装十块的饼干更有价值。

②比起一开始就看到一罐装两块饼干的人，那些首先看到一罐装十块饼干，然后吃的时候换成一罐装两块饼干的人，认为一罐装两块的饼干更有价值。

因为一罐装两块的饼干比较少，参与者的选择自由受到了威胁：如果别人选择了这块，我可能就没得选择了。因此，才被认为更有价值（Worchel, et al., 1973）。（图2）

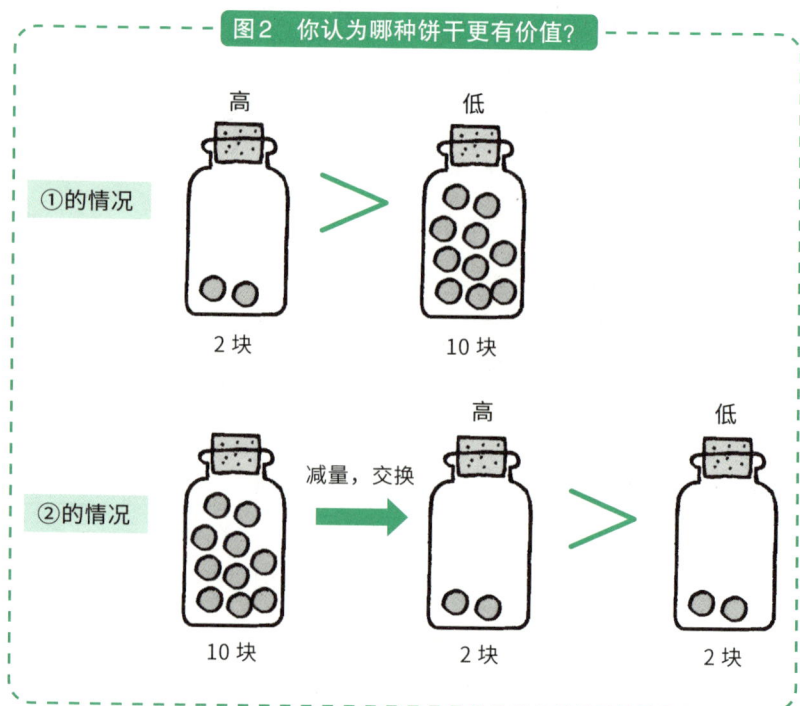

图2　你认为哪种饼干更有价值？

①的情况

高　>　低

2块　　10块

②的情况

减量，交换

高　>　低

10块　　2块　　2块

因此，在销售产品时使用"限时限量"或"先到先得"等字眼，是利用人类心理的一种巧妙营销方式。如果错过了机会，我们就失去了"获得的自由"，所以我们试图通过购买行为来恢复自由。

此外，正如为不确定情况下的决策建模的展望理论所显示的那样，比起收益，人们更看重损失，不想因为错过购买机会而蒙受损失（Kahneman and Tversky, 1979）。于是，人们就有了购买的动机。

## 阻碍让恋爱更加热烈

在《罗密欧与朱丽叶》的故事中也可以看到这样的现象：实现某件事情的阻碍越多，它似乎越有吸引力。

罗密欧和朱丽叶出生在两个世代不和的家庭，他们相爱了，但由于两家相互仇恨，他们无法把这件事告诉别人。最后，二人计划私奔，但由于一场误会，罗密欧认为朱丽叶已经死了，于是他自杀了。得知此事的朱丽叶也追随罗密欧而去。

为什么两人的爱情会如此强烈？究其原因，可能是"两个家庭彼此对立"这一大障碍的缘故。家庭状况威胁着两人相爱的自由。从心理学的角度来看，可以这样解释：为了从这种威胁中解脱出来，他们的感情变得更加强烈，并采取了极端行为。

为了避免被这种偏见所困，当你觉得你的情绪强烈地指向某个人时，要冷静地思考一下，是这个对象真的具有极大的魅力，还是只是因为某些障碍威胁到你的自由，从而让你觉得对方有吸引力？分清这一点非常重要。

如果年轻的罗密欧和朱丽叶知道这一点，故事可能会有不同的结局。

"与其挑战后失败，还不如一开始就别挑战"的心理。

# 52

Status Quo Bias

# 安于现状偏差

| 含义 | 即使有可能通过改变某些方面来改善现状，也会考虑到损失的可能性，而倾向于安于现状。 |

| 关联 | 心理抗拒（→第 206 页）、公正世界假设（→第 214 页）、系统导向偏差（→第 218 页） |

## 收益还是损失

扔一枚硬币，正面朝上的话，你可以得到 1500 日元，但如果反面朝上，你必须支付 1000 日元。如果出现正面或反面的概率都是 50%，你会参加这个游戏吗？

由于出现正面和反面的概率相同，如果你得到的钱更多，那你就应该参加游戏。但实际上，许多人都表示难以接受（Kahneman, 2011）。

在行为经济学领域，有一个术语叫作损失厌恶。顾名思义，它是指想避免损失的内心想法。当我们将收益与损失做比较时，我们会认为损失更重要。

还是在类似的游戏中，假设出现反面时必须支付 100 美元，此时问大家如果出现正面能拿到多少钱就愿意参加，许多人的回答是 200 美元左右（Kahneman and Tversky, 1979）。

损失厌恶系数指的是收益与损失的比例，很多实验都研究了这个系数。结果显示，虽然存在个体差异，但只有当收益约为损失的 1.5 倍至 2.5 倍时，我们才会感到损失和收益是平衡的（Novemsky and Kahneman, 2005）。

## 害怕失去，而不是以获得为乐

展望理论认为，人们在失去某样东西时，比得到它时受到的影响更大（Kahneman and Tversky, 1979）。

正如在上一节心理抗拒中讨论的那样，这种倾向是人们试图避免失去的一种表现形式。我们的决策会受到由情绪产生的扭曲的影响。价值感的这种扭曲被表达为一个函数，叫作价值函数。

阅读时请参考图 1。从中心向左和向右移动同样的距离（在这种情况下，都

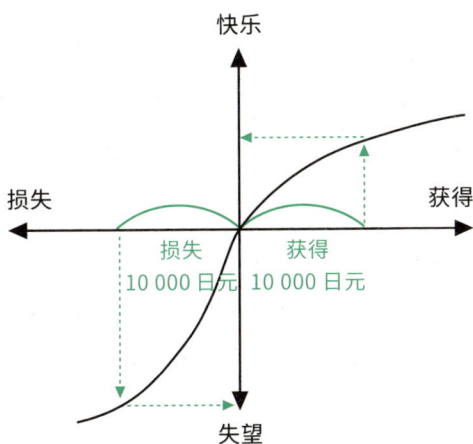

图 1　价值函数

是 10 000 日元），快乐的感觉（从中心的水平线向上）和失望的感觉（向下）是非常不同的。获得收益时的快乐曲线（右上角的曲线）比蒙受损失时的失望曲线（左下角的曲线）要平缓一些。这表明，在获得收益时产生的情感相对较弱。

因此，要让幸福感占上风，收益必须是损失的 1.5 倍至 2.5 倍。如果采取某项行动的收益低于这个倍数，人们就会觉得没有必要采取行动，因为可能会出现损失，从而选择安于现状。这被称为安于现状偏差（Samuelson and Zeckhauser, 1988）。

## 一旦获得某样东西就很难放手的拥有效应

在出现拥有效应时，安于现状偏差最为明显。拥有效应是指：一旦拥有某样东西，我们就会觉得它比没有时更有价值，因此不愿意放手的现象。

下面介绍一个关于拥有效应的著名实验。

将参加实验的大学生分为两组，其中一组得到了一个价值 6 美元的马克杯。实验人员向另一组学生展示了同样的马克杯，并问他们多少钱会买。得到马克杯的一组学生则被问到他们多少钱会卖。结果显示，得到杯子的一组回答为 7.12 美元，没有得到杯子的一组回答为 2.87 美元，两者相差两倍多。

据推测，其原因是，得到杯子的学生觉得杯子为己所有后其价值就增加了，从而舍不得出手（Kahneman, et al., 1990）

在网上购物时，我们经常看到"产品可以在几日内退货"的说明，但需要注意的是，商家很可能是在知道产品不太可能被退回的情况下出售产品，因为拥有效应会起作用，且退货程序比较复杂。

同时，没有得到杯子的一组为了维持没有杯子的现状，可能会低估杯子本身的价值，并认为自己根本不需要那么便宜的东西。

## 为什么组织变革进展缓慢

明明新体系和新制度更好，但却固守旧的制度不做改良，这种现象的原因之一就是安于现状偏差。

人们对劣势比对优势更敏感。如果你想说服他人改变现状，使之变得更好，就必须制订对策，使优势远远大于劣势。（图2）

使用所谓的零基思维也非常有效，即假定你并未拥有你已经拥有的东西。

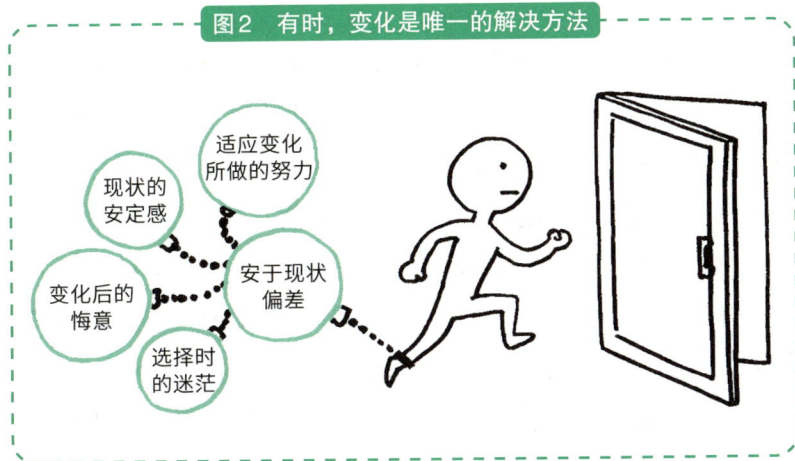

图2　有时，变化是唯一的解决方法

适应变化所做的努力

现状的安定感

变化后的悔意

选择时的迷茫

安于现状偏差

越是认为做了错事就应当受到惩罚的人，就越有可能去抨击受害者？！

## 社会心理学视角 53

Just-World Hypothesis

# 公正世界假设

| 含义 | 认为"善有善报，恶有恶报"的一种认知偏差。 |

| 关联 | 心理抗拒（→第 206 页）、安于现状偏差（→第 210 页）、系统导向偏差（→第 218 页） |

## 做了错事就会受到惩罚吗

小时候，你的父母或老师有没有告诉过你，做了错事就会受到惩罚？日本《读卖新闻》2020 年开展的一项舆论调查显示，有76% 的人认为做了错事就会受到惩罚，而 1964 年做类似调查时这一比例只有 41%，由此可见，现代人有这种想法的比例更高。

出人意料的是，当按年龄组来看时，18~29 岁的人中有 81% 的人这样认为，而 70 岁及以上的人中有 63% 的人这样认为。这表明，与老年人相比，认为做了错事就应该受到惩罚的年轻人更多。（图 1）

日语中有很多说法，例如"恶有恶报""因果报应"或"自作自受"等，可见"你所做的一切终究会回到你身上"的想法仍然

图1 "恶有恶报"舆论调查数据的推移

**1964年**

| | 认为 | 不认为 | 不知道/不回答 |
|---|---|---|---|
| 全体 | 41 | 40 | 19 |
| 20~29岁 | 31 | 45 | 24 |
| 30~39岁 | 37 | 43 | 20 |
| 40~49岁 | 43 | 43 | 14 |
| 50~59岁 | 45 | 35 | 20 |
| 60岁及以上 | 52 | 30 | 18 |

**2020年**

| | 认为 | 不认为 | 不回答 |
|---|---|---|---|
| 全体 | 76 | 23 | 1 |
| 18~29岁 | 81 | 17 | 2 |
| 30~39岁 | 80 | 20 | |
| 40~49岁 | 80 | 19 | 1 |
| 50~59岁 | 83 | 15 | |
| 60~69岁 | 74 | 26 | 1 |
| 70岁及以上 | 63 | 34 | 3 |

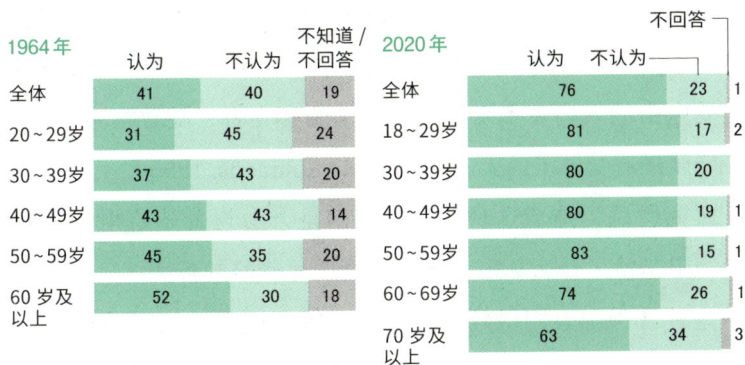

根据《读卖新闻》2020年8月13日早报的数据制作。

深深扎根于日本文化中。

这种认为做了坏事后坏事就会发生在自己身上的想法有时会引起**错误归因**。因为它颠覆了因果关系，认为坏事的发生是因为我们做了坏事。这种错误归因可能会导致不好的结果。

人们对犯罪受害者的态度就是这方面的一个例子。

## 为什么受害者会受到指责

一个女人晚上走在街上时遭遇性侵，虽然她是受害者，但也会被指责为有过错，说她不应在深夜出门或穿得很少，这种情况并不少见。其实冷静思考一下就会发现，她是否在深夜外出、是否穿着轻薄的衣服并不重要，如果没有人犯罪，这样的事件就不会发生，所以应该受到指责的只是犯人。

除了上述例子，还有许多其他案件中的受害者也受到了指责。有一个实验，实验者让参与者看到另一个人在不同条件下遭受电击的情况，由此观察他们态度的变化。结果显示，原本只能眼睁睁看着遭受电击的人痛苦不堪却爱莫能助的参与者，随着实验的推进，却开始蔑视遭受电击的人（Lerner and Simmons, 1966）。（图 2）

研究者认为造成这种变化的原因是，参与者开始相信被电击的人一定是做了什么坏事，才会遭受如此残酷的折磨。

这种认为"人们得其所应得，所得即应得"的想法被称为公正世界假设。这种偏见会导致人们认为被欺凌者有错，或者罹患传染病是患者自己的责任。

这种偏见与焦虑有很大关系。如果没有做坏事的人受到了不应有的伤害，那么总有一天这种事也可能会发生在自己身上。为

图2　看到别人遭受痛苦时，人们的内心感受有什么变化？

一定是做了坏事吧。

持续观看遭受电击的人，
人们开始认为其遭受的痛苦是自作自受。

了摆脱世界的不公平性和对自己可能受到不合理伤害的恐惧，人们选择相信公正世界假设（Zechmeister and Johnson, 1992）。

## 做好事总是有好报吗

公正世界假设认为，某件事情的发生有其相应的原因，那除了上述不良行为，好的行为又如何呢？

一个典型的想法是，"努力总会有回报"或"成功的人是因为付出了努力，失败的人是因为不够努力"。

与不良行为一样，这也是应对恐惧的一种方式，因为勤奋努力也可能得不到回报，或者说，有些人努力了却得不到回报，而另一些人没付出努力却获得了成功，这是不合理的。

## 公正世界假设的光明面和黑暗面

公正世界假设有好的一面，也有坏的一面。通过减少世界的不公平性，我们可以获得精神上的稳定，如果相信努力就会有回报，我们会更愿意为自己的目标而努力。如果不首先采取行动，我们就无法实现自己的目标，所以即使没有得到想要的结果，努力也是值得的。但是，这种思维方式会导致我们对他人的蔑视和批评，这一点需要注意。

并非所有人都生活在相同的环境中。前面已经说过，人们往往会忽视外部因素，比如基本归因错误。如果不设身处地地站在对方的立场考虑问题，我们就无法消除这种偏见造成的歧视。

为什么不合理的做法和不合理的制度永远得不到改进？

System Justification Bias

# 54 系统导向偏差

| 含义 | 即便旧方法不方便，不利于特定人群，也倾向于固守传统的做事方式，而不去尝试全新的、未知的方法。 |
|---|---|
| 关联 | 心理抗拒（→第 206 页）、安于现状偏差（→第 210 页）、公正世界假设（→第 214 页） |

## 世界存在不公平、不合理之处

有许多事情我们只是习惯性地遵循，但仔细想一下却是不合理的，这种现象在日常生活中处处可见。

例如，有的公司不给加班费，但领导不下班员工也不能回家；有些会议开的时间很长却没有得出有效的结论，只是在浪费时间；有的学校规定，你要为同组同学的违规行为承担连带责任，尽管你什么都没有做……

正如在上一节 公正世界假设 中提到的那样，人们有一种偏见，认为事情的结果都是与自己的行为相符合的，然而，这种情况真的是当事人的责任吗？

从更大的范围来看，因种族或性别而造成社会地位的高低不同，或因社会制度产生的贫富差距，这些都很难通过自己的努力来改变，有些人会因为这些属性而处于不利地位，这是不可否认的。

从公正世界假设的角度来看，目前的社会制度及由此产生的地位高低和财富多寡对于那些处于优越地位的人来说是非常有利的。因为他们从中受益的事实，恰好能证明他们在做正确的事。

那些没有特权的人又如何呢？如果他们认为自己的不幸处境是由自己的行为造成的，就会导致自卑感和自我效能感的丧失。除非我们真的有错，否则我们不希望因为一己之力无法改善的事情而处于不利地位。

在一个存在不公平和不合理事件的世界里，我们该如何与它们相处呢？

## 如何在不合理的世界生活下去

一些研究试图用**系统导向理论**来解释人们为了生活下去而接受生活中不公平、不合理待遇的过程。（Jost and Banaji, 1994）

根据这一理论，人们认为"世上存在一种特定的社会系统"，并从中发现价值，试图证明该系统的合理性，这被称为**系统导向偏差**。无论这个系统是好还是坏，其存在本身就能消除"不知道会发生什么"的不确定性。

人们通常不喜欢模棱两可的东西。虽然每个人的容忍度有所不同，但比起无法预知的事情，大多数人宁愿选择存在某些缺陷的现行制度，并希望借此减少一些不确定性。

请你想象一下这种情况。你是一名高中生，因有事耽搁所以深夜了才往家赶，你正独自走在黑暗而冷清的街道上。此时，你听到稍远处的一个角落传来了脚步声。如果继续走下去，你肯定会迎面碰上此人。

如果向你走来的人是下列情况之一，你分别会有什么感觉？

①父母担心，特意来接你。

②父母生气了，来带你回去。

③一个不知为何正在半夜跑步的陌生人。

当①是好事，②是不好的事，③是未知的事时，令大多数人感到最紧张的情形应该是③吧。

虽然对方很可能只是路过，但也有可能是个杀人魔，这比回家晚了被父母责骂更让人感到恐惧。

因此，"未知"对人们来说是一个巨大的威胁。即使是那些在现行制度下处于不利地位的人，也会用它来缓解自己的恐惧，尽管他们知道该制度存在许多问题。

## 煽动焦虑的信息会产生反作用

或许你会感到意外，有研究发现，比起那些被告知日本犯罪率低、可以安心生活的参与者，被告知日本的犯罪情况可能会恶化的参与者，对那个时间点的日本制度给出了更高的评价（沼崎，石井，2009）。（图1）

我们在心理抗拒一节中提到过，当人们受到反对或遭遇威胁时，内心会产生抵触情绪。因为煽动焦虑的信息有可能会加强偏见。

我们应该意识到，有些偏见的产生是为了缓解自己的焦虑，而不是出于假设或固有观念。但是，需要强调的是，虽然这种偏见本身并不是一件坏事，但对于那些在现行制度下被不公平地置于较低地位的人来说，如果认为他们目前的地位是和其行为对等的，这不仅不利于改善现状，还有可能导致歧视。

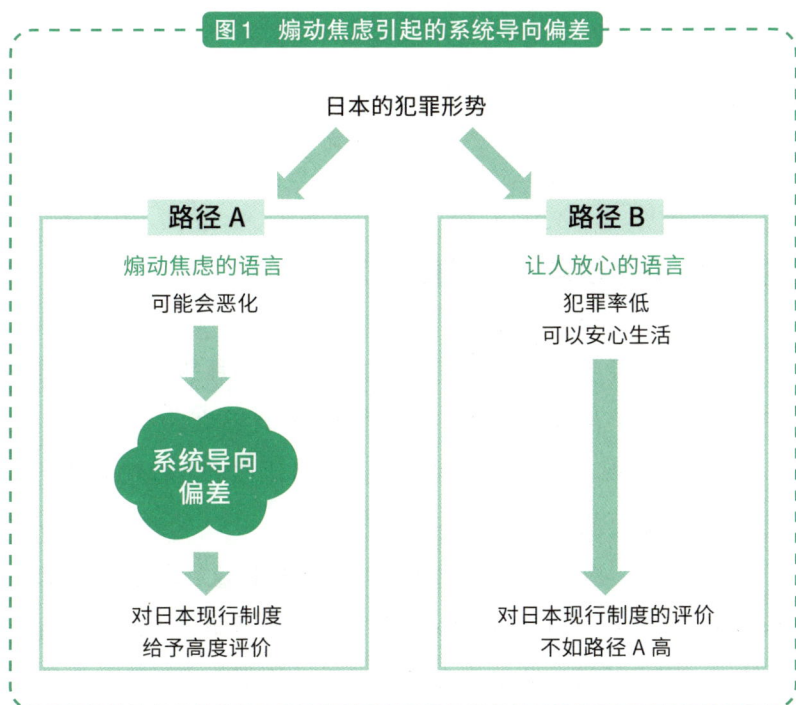

图1　煽动焦虑引起的系统导向偏差

日本的犯罪形势

**路径 A**

煽动焦虑的语言

可能会恶化

系统导向偏差

对日本现行制度
给予高度评价

**路径 B**

让人放心的语言

犯罪率低
可以安心生活

对日本现行制度的评价
不如路径 A 高

偶像团体的成员是在团体中时更耀眼，还是独自一人时更光芒四射？

# 55

Cheerleader Effect

# 啦啦队效应

| 含义 | 人的相貌在群体中比单独时看起来更具魅力的现象。 |

| 关联 | 无 |

## 在群体中比独自一人时更有吸引力吗

请回想一下学生时代的情形。在看到你崇拜的人与他的朋友们在一起欢声笑语时，你的内心是否也曾暗自激动不已？

如果你发现某人与一群朋友在一起时比你单独看到他时更具魅力，此时你可能已经陷入了啦啦队效应。

啦啦队效应指的是个人在群体中时显得更具魅力的现象（Walker and Vul, 2014），是根据美剧《老爸老妈的浪漫史》中的一个情景命名的，剧中的啦啦队队员在单独看时并不那么出众，但当她们聚在一起时，看起来非常漂亮。

## 啦啦队效应的机制

为了研究啦啦队效应，有人设计了一项实验。实验者给参与者展示了一张某人的照片，并要求他们对其魅力值加以评分（Walker and Vul，2014）。

实验设置了两个条件：一个是集体照条件，参与者会看到某人与另外两个同性的照片；另一个是单人照条件，参与者会看到从多人照中截取的仅有某人的照片。在这些条件下，参与者对此人做出评价。结果显示，此人在集体照条件下比在单人照条件下魅力值更高。

以下三个过程被认为是产生这种现象的机制：

①当同时呈现多张面孔时，人们会将其特征感知为平均水平。

②对个人容貌的感知趋向于平均水平。

③通过平均法得出的趋向平均水平的容貌，比实际的容貌更具魅力。

在看到大量的视觉刺激物时，我们倾向于以平均水平来感知它们的特征。这就是所谓的**集合感知**（Alvarez, 2011）。这种现象经常出现在对图形的感知中，许多人的容貌也可以被视为一个整体，并被感知为一个平均印象。也就是说，上吊眼或下垂眼等个体特征会被平均化，让脸部变得不那么突出和有个性，更容易被大家接受。这就是在第一个过程中所发生的事情。

在第二个过程中，根据第一个过程中计算出的平均水平对每个人的容貌加以校正。

在第三个过程中，容貌经过校正后，再对个人的魅力值加以评价。

值得注意的是，关于容貌的心理学研究表明，由大量面部特征合成的平均容貌被大多数人认为更具有吸引力，这一现象已得到广泛认可。这被认为是受到了人们在进化过程中形成的偏爱平衡的影响。（图1）

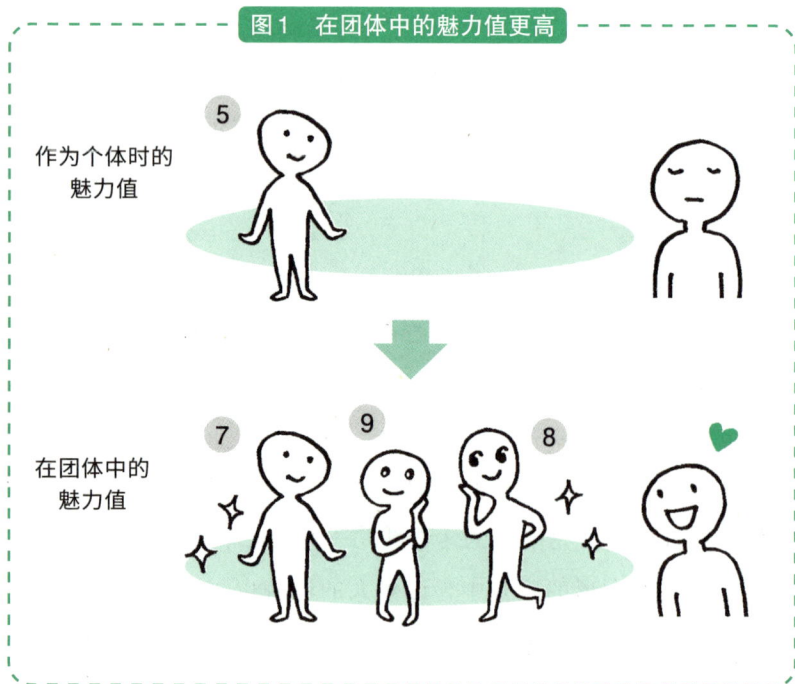

图1　在团体中的魅力值更高

作为个体时的魅力值

在团体中的魅力值

## 啦啦队效应中的性别差异

有趣的是，有人指出，啦啦队效应的效果因性别不同有很大差异（服部等，2019）。

女性在评价男性的长相时表现出比评价女性长相时更明显的啦啦队效应，而对男性来说，这种效应并不因他们评价对象的性别而不同。

有人指出，对女性来说，比起以前见过的女性，她们更难记住以前见过的男性的长相（Herlitz and Lovén, 2013）。

团体中的单个视觉刺激通过集合感知所产生的概括来校正（这种情况被称为分层编码）。人们认为，含有更多模糊性或误差的视觉刺激比具有明显差异的视觉刺激更容易产生这种现象。

因此，当女性是评分者时，对男性长相的校正会更多，因为她们记不住其细微的面貌特征，所以此时的啦啦队效应可能更明显。也就是说，当女性评价男性的长相时，她们认为男性群体中的男性看起来比他们独处时要更帅气一些。

其实不仅是由男性组成的偶像团体和艺术家团体，即便是在街上擦肩而过的学生和上班族群体，在女性眼中，可能都要比男性个人的评价要好一点。

然而，很遗憾的是，当涉及一对一的关系时，这种魔力就消失了。因此，为了加深彼此的关系，最重要的是了解一个人的内在魅力。

# 56

比起大多数没见过面的受害者，人们更关注身边的个体受害者。

Identifiable Victim Effect

# 可识别受害者效应

| 含义 | 面对特定的个体时，人们会表现出高度的同理心和关心度，而当对象是人数和比例时，人们的同理心和关心度会降低的现象。 |

| 关联 | 无 |

## 团体和个人

仰望夜空时，如果是教科书上出现过的星座，想必很多人长大后也能找到它。

北斗七星、猎户座、仙后座……这些被识别为星座的星星都有自己的名称，其大小和亮度也各不相同。然而，当把它们作为星座加以观察时，星星的个性特征就消失了，人们不再有意识地去思考构成星座的每颗星星。

在人类世界中也可以观察到类似的事件。

例如，我们应该都见过下面的说法：

"一个叫××的孩子得了不治之症。最近，科研人员已经研发出了针对该疾病的突破性治疗方法。但治疗需要巨额医药费。请大家积极捐款，使他能够接受治疗。"

此外，你可能也看到过下面这样的呼吁：

"全世界有××万名儿童患有这种疾病。最近，针对这种疾病的治疗方法有了突破性进展。但是，接受治疗需要花费一大笔钱。请大家积极捐款，使这些孩子能够接受治疗。"

这两篇文章都呼吁人们捐款，以帮助患者治疗这种疾病。区别在于，需要捐款的对象不同，一个是知道名字的个人，另一个是用数字显示的群体。事实证明，捐助对象的这种差异对我们的行为有很大影响。

## 数字并不能说明问题吗

假设有人需要帮助。一个是可识别的个人，一个是无法识别但用数字呈现的数量庞大的群体，哪一个更有可能筹到更多善款？

估计很多人都会认为是后者。但实际上，事实表明，可识别的个人更有可能获得捐款。这被称为可识别受害者效应。

有一项实验研究了这种效应。

首先，参与者被要求填写一份调查问卷，并获得了 5 美元的报酬。然后参与者被要求阅读一篇关于粮食危机的文章，并被询问他们愿意从拿到的 5 美元报酬中捐出多少钱来帮助解决这一问题。

参与者阅读了实验者准备的两种不同类型的关于粮食危机的文章。

图1　比起统计数据，人们更容易被面貌和姓名所打动

世界上超过×亿人正面临着
粮食短缺。

您的捐款能让这个孩子吃上饭。

第一种是**统计条件**，用具体数字描述问题，如"××人正在遭受粮食短缺的困扰"或"玉米产量比 2000 年减少 42%"等。

第二种是**可识别条件**，向参与者展示一个女孩的名字和照片，并告诉他们："你的捐款将改善一个名叫××的女孩的生活。"

被要求捐赠的参与者的回答显示，在统计条件下，他们会捐出 23% 的钱；在可识别条件下，他们会捐出 48% 的钱（Small, et al., 2007）。（图 1）

这个结果表明，了解对方的面貌、姓名和其他细节信息有助于鼓励人们捐款。实验者认为，这种方式可以唤起人们的亲近感和同情心。相反，如果信息与个人没有联系，就不会产生此类情绪，因此也很难付诸行动。

激励或妨碍某一行为的影响因素主要包括与对方的距离感（如

陌生人、朋友、亲戚等）和情形的清晰度（如发生在你眼前的事情，或在印刷品上读到的事情等），但心理学家指出，**杯水车薪效应**也是一个主要因素（Ariely，2010，樱井译，2014）。在这种效应下，最重要的是自己一个人的行动能否保证对方得到救治。如果觉得仅靠自己的努力也无济于事，那人们就不会采取任何行动。

## 不要被数字所迷惑

由此可见，要想获得大家的帮助，翔实、细致地描述需要帮助的人的生活情形会更有效果，而不是用数字说明有多少人正在寻求帮助。

联合国儿童基金会的一则广告中，有一个孩子的特写，上面写着"仅一支疫苗就可以挽救生命"。这种宣传让人觉得捐款可以挽救"这个孩子"的生命，从而可以激发更多人的捐助行为。这种做法不是把所有星星都归结为一个星座，而是把人们的注意力引向每一颗星星。

这似乎是显而易见的。但要取得良好的效果，知道更有效的方法非常重要。如果忽视了这一点，可能会导致失误。

为什么要特意去排队吃拉面呢？

## 57

Conformity Bias

# 一致性偏差

| 含义 | 根据别人的行为方式来改变自己行为的倾向。 |

| 关联 | 从众效应（→第 234 页） |

## ▍为什么热门餐厅排队的人会越来越多

　　你去参加一个活动，发现有两家挨着的章鱼烧店。两家店似乎是同一个连锁店的分店，店的风格看起来也一模一样。但是，一家店前排起了长队，另一家店前却一个顾客也没有。那么，你会在哪家店买章鱼烧呢？

　　如果你正赶时间，那你可能会觉得自己很幸运，然后在没有顾客的那家店买章鱼烧。但是，大多数人会这么想吗？

　　这两家店看起来都一样，为什么这家店没有人排队？是不是有什么问题？同样的商品，肯定是早点买完更省心，但如果只有一家店排队，可能很多人会对无人排队的那家店不太放心。然后这些人也加入了排队大军，其结果就是，队列变得更长。

在周围有其他人时，这种参考周围人的行为并采取与其相同行为的倾向，被称为一致性偏差。

## 一致性的压力

一致性是指跟他人的行为和思维方式保持一致。这一现象的背后有两种机制。

第一种是将他人的行为作为信息使用。例如上文章鱼烧店的例子，看到那么多人在排队，据此推测这家店肯定不错，所以自己也会去排队。

第二种是把他人的行为和想法作为一种规范，并以同样的方式行事。在这种情况下，他人的行为和想法往往会成为限制自己行为的压力。例如，虽然已经过了下班时间，且需要在下班前完成的工作都完成了，但没有人下班回家，所以我也别无选择，只能跟着加班。

与西方国家相比，日本往往更注重维护群体的和谐，而不是表达自己的意见。在这样的文化氛围中，我们都有过这样的经历：自己有不同的想法，但因为与周围人的意见不一样，最终选择保留意见，或者改变自己的意见。

有一个实验对这种一致性的压力做了研究（Asch, 1951, 1955）。7~9 名大学生作为一个小组被召集到实验室，实验者向他们展示了一张卡片，上面有三条不同长度的直线。同时，还向他们展示了另一张只有一条直线的卡片，然后要求他们依次口头回答第一张卡片上的哪条线与这条直线一样长（图 1-1）。

事实上，实验中只有一个真正的参与者，其余的都是合作者（预先安排好的人）。合作者在前两次实验中都给出了正确答案，但在第三次实验中，他们都给出了同样的错误答案。在这种情况下，实验参与者被设定为倒数第二个回答。

**图1 参考别人的答案，简单问题的错误率会上升**

1-1

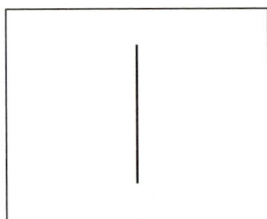
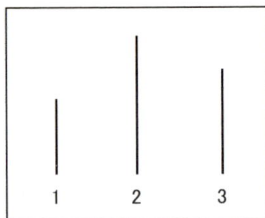

1-2

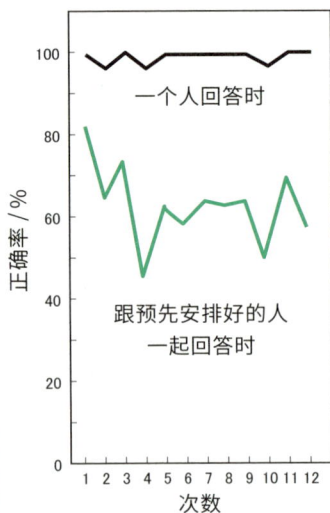

一个人回答基本不会错的题目时，
如果参考预先安排好的人的答案，
正确率会大大降低。

在这个实验中，线条的长度存在明显差异，如果只有一个人回答的话，应该不会答错，但最终错误率还是达到了36.8%。在12次的实验中，只有25%的参与者在作答时从未受到合作者的影响（图1-2）。

连这种长度明显不同的直线问题都只有25%的参与者能够不受他人答案影响给出正确答案，不难想象，如果是更加复杂的事项，人们更有可能参考他人的答案做出调整。也有人认为，当自己以外的其他人都达成一致时，一致性偏差发生的概率也会更高。当然，不同的课题可能会略有差异（Allen, 1975）。

## 一致性在现实生活中的危险性

在现实生活中，一致性偏差会给我们带来什么影响呢？

有人认为，在发生灾难等紧急情况下，一致性偏差的影响最为明显。例如，假设一个有很多观众的剧院发生了火灾，有人因惊慌试图逃离时，一致性偏差会让人们都冲向出口，导致出现踩踏事故，反而造成更大的损失。

而在另一个案例中，在大地震发生时，正在某个主题公园巡演的演员们随机应变，让人们护好头就地蹲下来，避免了混乱局面（JCAST News, 2020）。在这种情况下，观众跟演员采取了一致性行动，并带来了好的结果。

一致性偏差并不总是坏的，它也可以产生积极的效果，这取决于如何使用它。其中的关键，就是掌握正确的知识和恰当的使用技巧，如果做不到这两点，就会带来负面后果。

Bandwagon Effect

# 从众效应

| 含义 | 当有多个选项时，如果许多人都选择同一选项，则会有更多人选择该选项的现象。 |

| 关联 | 一致性偏差（→第 230 页） |

## 一致性偏差和从众效应

参照他人的行为然后采取一致性行动，可以非常有效地确保自己的安心和安全。例如，如果你没有注意到周围的人都在抬头看向天空，那你可能会成为唯一一个被坠落物击中的人。

无论是在行动上还是在情感上，保持一致性对减少风险都很重要。如上一节所述，**一致性偏差**本身并不是一件坏事，尽管它在紧急情况下可能是危险的，因为它可能使人们无法做出正确的判断。

在一致性偏差中，尤其在投票行为和消费行为中表现出的特别明显的特征被称为**从众效应**。可以把它理解为一致性偏差的一个方面。Bandwagon 是指游行时载着乐队走在队伍前列的车。"乘坐乐队车"的说法即用来表示"跟随潮流"或"跟随胜利的一方"。

## 受欢迎的人因为受欢迎而被大家喜欢

有一句话叫作"识时务者为俊杰"。这是一种生存艺术，意思是对于有强权或有影响力的群体，比起与其作对，还是进入其保护伞下更有利。

例如，在选举中，更多的选票会投给被报道为"占绝对优势"或"肯定会赢"的候选人，这就是"识时务者为俊杰"在社会真实生活中的一个例子。事实证明，舆论调查中对获胜者的预测会使票数的差异更加明显（Noelle-Neumann et al., 2004）。

有人提出了沉默螺旋理论来解释这一现象，即处于劣势的人因为意识到自己的劣势而保持沉默，而处于优势的人声音越来越大，结果就是处于劣势的人越来越没有话语权（Noelle-Neumann, 1993，池田等译，2013）。这种时候，很多人的潜在想法是"大家都这么选，那我就放心了"。

同样，拿我们身边的例子来看，因为被很多人喜欢，所以班级中备受欢迎的人的性格和外貌就有了"别人的评判"来做担保。这样，即使是以前从未接触过这个人的人也会认为，既然这么多同学都喜欢他，那么他一定值得别人喜欢。于是，就出现了从众效应，此人的人气也进一步提高了。

## 别人都有的东西你也想要吗

小时候，你是否曾要求你的父母给你买一个玩具或游戏机，理由就是大家都有这些东西？

我们可以推测出一些可能导致这种行为的因素。例如，可能你和朋友没有了共同话题，可能你自己也想尝试同样的事情，或者你想测试父母对你的爱，看他们是否会满足自己的愿望，等等。

大多数情况下，导致这种行为的原因不是单一的，而是多种因素的结果。其中之一就是从众效应产生的动机，即"其他人都有，所以它一定是个好东西。唯独自己没有这个好东西，这可不行"。这是一种寻求内心安全的行为。

但是，我们也不难想象，类似情况中还会涉及另外一种价值

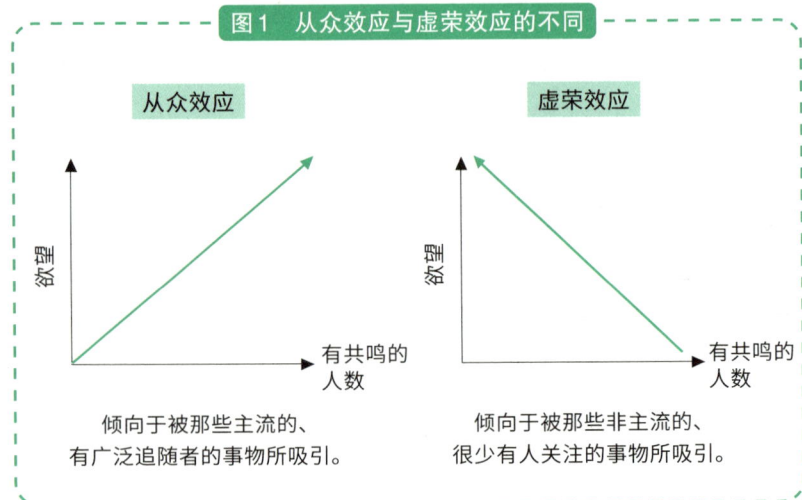

图1 从众效应与虚荣效应的不同

**从众效应**

欲望 / 有共鸣的人数

倾向于被那些主流的、有广泛追随者的事物所吸引。

**虚荣效应**

欲望 / 有共鸣的人数

倾向于被那些非主流的、很少有人关注的事物所吸引。

体系，即不希望与周围的人一样。想要获得稀缺的限量版产品的人很可能对此有强烈共鸣吧。这种与从众效应完全相反的现象，被称为虚荣效应（Leibenstein, 1950）。这类人想要一种产品不是因为其他人都有，而是因为没有人有。（图 1）

此外，作为刺激购买欲的机制，我们前面讲的心理抗拒也发挥着作用。如果一个产品因为是限量版或者限定了购买期限而很难买到，人们就会觉得原本自由的购买行为受到了限制，为了重新获得自由购买的权利，他们会做出反应，结果就刺激了购买行为。

## ▍营销中的从众效应

许多人的支持会让一个产品变得更受欢迎，所以从众效应在市场营销活动中经常被使用。

常见的方法之一是宣传某产品已被数以万计的人使用，或门票在短短几分钟内售罄。

此外，故意减少店内的座位数，让人们在外面排队，营造"人气店"的印象，或者把货架上的一些商品设为售罄状态，让人觉得该商品很受欢迎，这些都是很常见的手法。

作为消费者，了解了这一点，我们就不容易被商店的营销策略左右了。

# 59

井底之蛙要体验痛苦，才能走向外面的世界。

Dunning – Kruger Effect

# 邓宁－克鲁格效应

| 含义 | 越是没有知识的人，越会高估自己的能力。相反地，知识渊博或能力很强的人却认为周围的人和他们一样渊博，从而低估自己的能力。 |
|---|---|

| 关联 | 无 |
|---|---|

## 井底之蛙效应

许多人在上学时都有过组建乐队的经历吧。你和最亲密的朋友一起参加了学校文化节的表演，这给你带来了成就感和美好的回忆。你甚至会觉得你们的水平还挺不错……

这是许多人都有过的经历。

但是，有一些人想走向更广阔的世界，因为他们觉得自己"水平还可以"。从学校的文化节，到街上人人都能看的当地活动，再到音乐爱好者聚集的音乐现场，你甚至想把自己的音乐送去参加评选……你感觉自己的舞台越来越大。然而，在这个过程中，有一件事是每个人都必须要面对的。

那就是"意识到世上有许多人的水平比我们更高"。

不过，一个乐队敢于尝试走出去是值得肯定的。有问题的是那些待在自己狭小世界里，一直自认为很了不起的乐队。当然，如果你只是以业余爱好者自娱自乐，那也无可厚非。但是，如果你想成为一名专业人员，却又甘当一只"井底之蛙"，你就永远无法出道。

这种由于缺乏知识而高估自己能力的偏见被称为邓宁－克鲁格效应，是以提出该效应的两位研究者的名字命名的（Kruger and Dunning, 1999）。

## 邓宁－克鲁格效应的原因

邓宁－克鲁格效应是由于缺乏元认知引起的。

"元"的意思是"更高层次"，指对自身认知的客观看法，可以被解释为认知的认知。缺乏元认知意味着不能客观地看待自己，也因此无法正确认识到自己能力的不足及与他人的差距。（图1）

此外，这样的人不仅无法正确认识自己，也无法对他人有准确的看法。

事实表明，通过适当的训练，这些问题可以得到解决。也就是说，陷入这种偏见的人虽然不了解外面的世界，也不具备准确评估自己能力的知识和技能，但他们可以通过掌握必要的技巧来摆脱这种偏见。

因此，一支有抱负的职业乐队，不要仅满足于成为学校文化节上的佼佼者，更要将自己乐队的表现与其他乐队做比较，并学习更先进的技术，从而走出井底的世界。

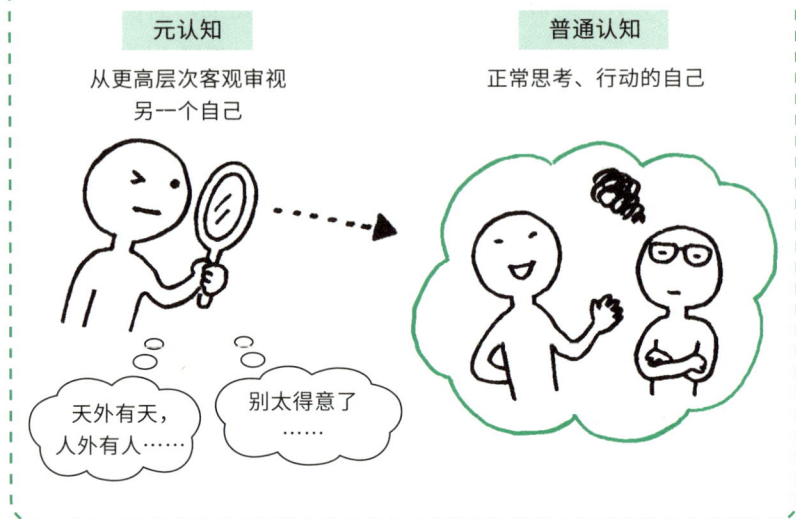

图1 意识到元认知，就能客观看待自己

元认知
从更高层次客观审视
另一个自己

普通认知
正常思考、行动的自己

天外有天，
人外有人……

别太得意了
……

## 邓宁-克鲁格效应的表现

研究人员在提出邓宁-克鲁格效应的论文中提到，他们要求学生评估自己的知识技能、英语语法能力和幽默感，并预测自己在班上的排名。

研究人员发现，很少有参与者能够做出准确的预测。对此，研究人员的解释是："如果对一件事不熟悉，就会因为没有经验无法做出准确的判断，从而容易高估自己的能力。"

研究人员通过一项实验，将他们的发现向前推进了一步。

实验证实了邓宁-克鲁格效应。研究人员发现，在简单任务中，成绩越差的人越认为自己能取得好成绩，而成绩越好的人能

更准确地评估自己的成绩。（表 1）

然而，在困难任务面前，结果稍有不同。表现越好的人越认为自己的表现很差，而表现较差的人则能准确评估自己的表现（Burson, et al., 2006）。这表明，邓宁－克鲁格效应的表现方式会因任务的难易度而大相径庭。

表 1　任务难度不同时，邓宁－克鲁格效应的倾向性

|  | 分数低的人 | 分数高的人 |
|---|---|---|
| 简单任务 | 误以为分数很高 | 准确评价 |
| 困难任务 | 准确评价 | 误以为分数很低 |

对任何人来说，意识到自己在想要实现的事情上缺乏经验和能力都是非常痛苦的。但是，如果你真的想变得更优秀，就不要让这种偏见阻碍你。

许多目前活跃在一线的艺术家也都有一段不愿意回忆的过去，比如曾经在演出时被观众喝倒彩要求退钱等。然而，大家要明白，正因为他们下定决心想进入更广阔的世界，并持续不断地努力，才会有现在的成功。

社会心理学视角

# 60

现在的孩子居然不懂什么是"零钱"？因为他们成长于电子货币时代嘛！

Curse of Knowledge

# 知识诅咒

| 含义 | 在各个领域，拥有知识的人很难从没有知识的人的角度去思考问题的现象。 |

| 关联 | 邓宁 – 克鲁格效应（→第 238 页） |

## 教孩子学习是很困难的

时代变迁，你知道在教育领域有这样一种现象吗？

有的孩子不知道什么是"找回的零钱"。这一现象多发生在小学低年级的学生中，至于原因，我们成年人也很难在瞬间给出一个正确的答案。

正确答案是：电子货币的普及使得无现金支付的情况更加普遍。

对于长大以后才出现电子货币的成年人来说，用电子货币支付的一个好处是"不用再拿找回的零钱了"。同时也不会给错钱，钱包也不再鼓胀。大家会觉得非常方便。

年轻一代在他们有记忆的时候已经在一定程度上接触到了电子货币，在有些家庭中，孩子是看着父母用卡或智能手机付款长大的。因此，孩子们不知道用现金支付的做法，也不存在零钱的概念。

所以，小学教师必须首先解释一下什么是零钱。

## 思考对方的背景

知识在个人之间、两代人之间都存在很大差异。

如果意识不到这些差异，误以为自己知道的东西别人也知道，就不能从没有相关知识的人的角度考虑问题，这一现象被称为知识诅咒（Heath, et al., 2007）。

为了阐明知识诅咒，有研究人员在其著作中引用了伊丽莎白·牛顿在 1990 年所做的"敲击者 - 听众实验"。

实验参与者两人一组，其中一个参与者会在头脑里想一首著名的歌曲，然后以歌曲的节奏敲击桌子（敲击者），并要求另一个人（听众）猜测歌曲的名字。

事实证明，听众只能答对大约 2% 的歌名，但敲击者却预计听众能答对大约 50%。（图 1）

对于那些想着歌曲敲击桌子的人来说，这个问题似乎很容易，但对于那些没有想到歌曲的人来说，即使知道歌曲，也很难将其与敲击的节奏联系起来。

这个实验清楚地表明，从别人的角度看问题是多么困难。

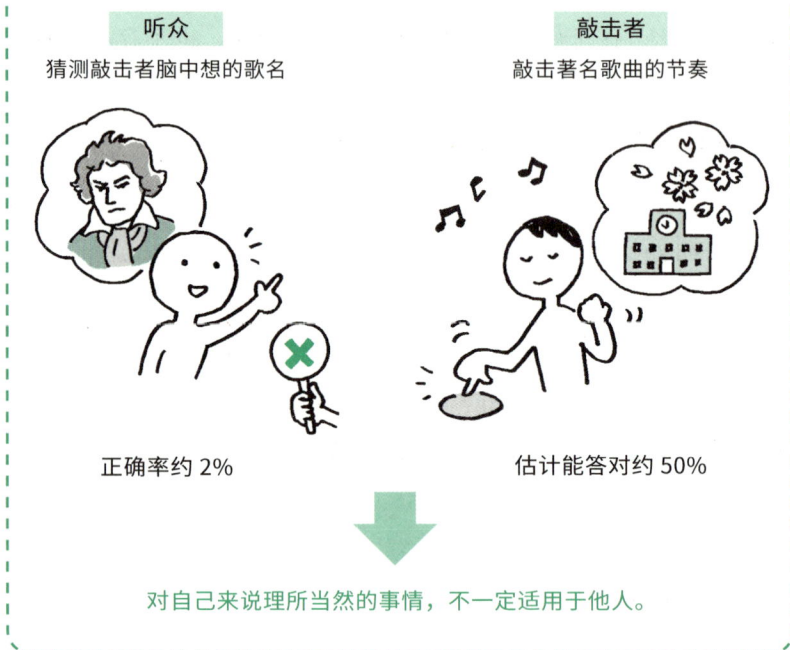

图1 "敲击者–听众实验"表明,站在对方的立场
考虑问题是非常困难的

**听众**

猜测敲击者脑中想的歌名

正确率约 2%

**敲击者**

敲击著名歌曲的节奏

估计能答对约 50%

对自己来说理所当然的事情,不一定适用于他人。

## 解开魔咒

即将读完本书,相信你应该对偏见有了一定程度的了解。在此,我想让你考虑的是那些"不了解偏见的人"。

这些人不知道偏见有很多种,不知道人们会不自觉地陷入这些偏见,也不知道这些偏见是通过什么机制发生的。而且,他们也没有意识到自己内心存在的认知扭曲会引发歧视。

此时,你是歧视者还是被歧视者并不重要。在许多情况下,人们甚至意识不到是自己在歧视别人还是别人正在歧视自己。

偏见本身并不是一件坏事，因为它是我们为了适应环境而获得的东西，在某些情况下，它们可以保护我们。然而，偏见也有可能造成不好的结果，比如歧视别人或与他人产生摩擦。

对你来说非常重要的一点，就是要知道知识会产生"诅咒"，还要把自己从这个"诅咒"中解放出来。

不要把有偏见的朋友定性为"讨厌的家伙"，而是要想到他们可能根本没有意识到自己陷入了偏见，这是打破魔咒的第一步。

大多数认知偏差都是在无意识中运作的。因此，在缺乏知识的情况下，它们很难被识别和预防。

被称为知识诅咒的偏见是由缺乏元认知引起的。元认知有两种类型：知识和技能。通过阅读本书，你已经获得了关于偏见的"知识"。你的下一个目标是学习并使用"技能"来控制你的思维，避免陷入偏见。此外，如果你能理解有些人是由于缺乏知识而陷入偏见，进而帮助他们摆脱偏见，那将是最好不过的。

不要期望一下子就能有显著的效果，这是一个缓慢的过程，希望你能继续尝试。身边公平坦率的人越多，你所处的环境就会越舒适。

# 参考文献
REFERENCES

## 第一部分 逻辑学视角的认知偏差

### 逻辑学视角01 二分法谬误

Edward Damer, *Attacking Faulty Reasoning: A Practical Guide to Fallacy-Free Arguments*, Cengage Learning, 2008.

Bowell Tracy and Kemp Gary, *Critical Thinking: A Concise Guide*, Routledge, 2015.

Eugen Zechmeister and James Johnson, *Critical Thinking: A Functional Approach*, A Division of International Thompson Publishing, 1992.［E.B. ゼックミスタ／J.E. ジョンソン（宮元博章／道田泰司／谷口高士／菊池聡訳）『クリティカルシンキング実践篇』北大路書房、1997 年。］

高橋昌一郎『哲学ディベート』NHK 出版（NHK ブックス）、2007 年。

高橋昌一郎（監修）・三澤龍志「みがこう！論理的思考力」『Newton』ニュートンプレス、pp.114-117、2020 年 9 月号。

### 逻辑学视角02 连锁悖论

Dominic Hyde and Diana Raffman, "Sorites Paradox", in *The Stanford Encyclopedia of Philosophy*, edited by Edward N. Zalta, 〈 https://plato.stanford.edu/archives/sum2018/entries/sorites-paradox/ 〉, 2018.

高橋昌一郎（監修）『絵でわかるパラドックス大百科 増補第二版』ニュートンプレス、2021 年。

吉満昭宏「ソリテス・パラドクス」飯田隆（編）『論理学の哲学』講談社、2005 年。

新村出（編）『広辞苑』岩波書店、第七版、2018 年。

## 逻辑学视角03　歧义谬误

Robert Audi, *The Cambridge Dictionary of Philosophy*, Cambridge University Press, 1999.

Irvinc Copi, *Introduction to Logic*, Macmillan, 1961.

Bowell Tracy and Kemp Gary, *Critical Thinking: A Concise Guide*, Routledge, 2015.

Anthony Weston, *A Rulebook for Arguments*, Hackett Publishing Company, 2018. ［アンソニー・ウェストン（古草秀子訳）『論証のルールブック』筑摩書房（ちくま学芸文庫）、2019 年。］［安东尼・韦斯顿（著），卿松竹（译）：《论证是一门学问：如何让你的观点有说服力》，新华出版社，2011 年。

新村出（編）『広辞苑』岩波書店、第七版、2018 年。

## 逻辑学视角04　循环论证

Irvinc Copi, *Introduction to Logic*, Macmillan, 1961.

Bowell Tracy and Kemp Gary, *Critical Thinking: A Concise Guide*, Routledge, 2015.

Anthony Weston, *A Rulebook for Arguments*, Hackett Publishing Company, 2018. ［アンソニー・ウェストン（古草秀子訳）『論証のルールブック』筑摩書房（ちくま学芸文庫）、2019 年。］［安东尼・韦斯顿（著），卿松竹（译）：《论证是一门学问：如何让你的观点有说服力》，新华出版社，2011 年。］

高橋昌一郎（監修）・三澤龍志「みがこう！論理的思考力」『Newton』ニュートンプレス、pp.116-119、2021 年 2 月号。

新村出（編）『広辞苑』岩波書店、第七版、2018 年。

## 逻辑学视角05　滑坡论证

Edward Damer, *Attacking Faulty Reasoning: A Practical Guide to Fallacy-Free Arguments*, Cengage Learning, 2008.

Bowell Tracy and Kemp Gary, *Critical thinking: A Concise Guide*, Routledge, 2015.

Eugen Zechmeister and James Johnson, *Critical Thinking: A Functional Approach*, A Division of International Thompson Publishing,1992.［E.B. ゼックミスタ / J.E. ジョンソン（宮元博章 / 道田泰司 / 谷口高士 / 菊池聡訳）『クリティカルシンキング実践篇』北大路書房、1997 年。］

坂原茂『日常言語の推論』東京大学出版会、1985 年。

## 逻辑学视角06　轻率概括

Irvinc Copi, *Introduction to Logic*, Macmillan, 1961.

Edward Damer, *Attacking Faulty Reasoning: A Practical Guide to Fallacy-Free Arguments*, Cengage Learning, 2008.

Anthony Weston, *A Rulebook for Arguments*, Hackett Publishing Company, 2018.
［アンソニー・ウェストン（古草秀子訳）『論証のルールブック』筑摩書房（ちくま学芸文庫）、2019 年。］［安东尼・韦斯顿（著），卿松竹（译）：《论证是一门学问：如何让你的观点有说服力》，新华出版社，2011 年。］

Eugen Zechmeister and James Johnson, *Critical Thinking: A Functional Approach*, A Division of International Thompson Publishing, 1992.［E.B. ゼックミスタ／ J.E. ジョンソン（宮元博章／道田泰司／谷口高士／菊池聡訳）『クリティカルシンキング　実践篇』北大路書房、1997 年。］

高橋昌一郎（監修）・三澤龍志「みがこう! 論理的思考力」『Newton』ニュートンプレス、pp.108-111、2020 年 12 月号。

## 逻辑学视角07　采樱桃谬误

Edward Damer, *Attacking Faulty Reasoning: A Practical Guide to Fallacy-Free Arguments*, Cengage Learning, 2008.

高橋昌一郎『感性の限界』講談社（講談社現代新書）、2012 年。

高橋昌一郎『反オカルト論』光文社（光文社新書）、2016 年。

## 逻辑学视角08　赌徒谬误

Bowell Tracy and Kemp Gary, *Critical Thinking: A Concise Guide*, Routledge, 2015.

Amos Tversky and Daniel Kahneman, "Belief in The Law of Small Numbers", *Phycological Bulletin*: 76, 105-110, 1971.

市川伸一（編）『認知心理学 4：思考』東京大学出版会、1996 年。

高橋昌一郎（監修）『絵でわかるパラドックス大百科 増補第二版』ニュートンプレス、2021 年。

服部雅史／小島治幸／北神慎司『基礎から学ぶ認知心理学：人間の認識の不思議』有斐閣（有斐閣ストゥディア）、2015 年。

## 逻辑学视角09　人身攻击谬误

Hans Hansen, "Fallacies", in *The Stanford Encyclopedia of Philosophy*, edited by Edward N. Zalta,〈https://plato.stanford.edu/archives/sum2020/entries/fallacies/〉, 2020.

Bowell Tracy and Kemp Gary, *Critical Thinking: A Concise Guide*, Routledge, 2015.

Anthony Weston, *A Rulebook for Arguments*, Hackett Publishing Company, 2018.
［アンソニー・ウェストン（古草秀子訳）『論証のルールブック』筑摩書房（ちくま学芸文庫）、2019 年。］［安东尼・韦斯顿（著），卿松竹（译）：《论证是一门学问：如何让你的观点有说服力》，新华出版社，2011 年。］

Eugen Zechmeister and James Johnson, *Critical Thinking: A Functional Approach*, A Division of International Thompson Publishing, 1992.［E.B. ゼックミスタ／ J.E. ジョンソン（宮元博章／道田泰司／谷口高士／菊池聡訳）『クリティカルシンキング 実践篇』北大路書房、1997 年。］

伊勢田哲治『哲学思考トレーニング』筑摩書房（ちくま新書）、2005 年。

## 逻辑学视角10　诉诸虚伪

Edward Damer, *Attacking Faulty Reasoning: A Practical Guide to Fallacy-Free Arguments*, Cengage Learning, 2008.

Hans Hansen, "Fallacies", in *The Stanford Encyclopedia of Philosophy*, edited by Edward N. Zalta, 〈https://plato.stanford.edu/archives/sum2020/entries/fallacies/〉, 2020.

Bowell Tracy and Kemp Gary, *Critical Thinking: A Concise Guide*, Routledge, 2015.

高橋昌一郎（監修）・三澤龍志「みがこう！ 論理的思考力」『Newton』ニュートンプレス、pp.112-115、2021 年 1 月号。

## 逻辑学视角11　稻草人谬误

Edward Damer, *Attacking Faulty Reasoning: A Practical Guide to Fallacy-Free Arguments*, Cengage Learning, 2008.

Bowell Tracy and Kemp Gary, *Critical Thinking: A Concise Guide*, Routledge, 2015.

Eugen Zechmeister and James Johnson, *Critical Thinking: A Functional Approach*, A Division of International Thompson Publishing, 1992.［E.B. ゼックミスタ／ J.E. ジョンソン（宮元博章／道田泰司／谷口高士／菊池聡訳）『クリティカルシンキング 実践篇』北大路書房、1997 年。］

伊勢田哲治／戸田山和久／調麻佐志／村上祐子（編）『科学技術をよく考える クリティカルシンキング練習帳』名古屋大学出版会、2013 年。

高橋昌一郎（監修）・三澤龍志「みがこう！ 論理的思考力」『Newton』ニュートンプレス、pp.112-115、2021 年 1 月号。

## 逻辑学视角12　乐观预测

Edward Damer, *Attacking Faulty Reasoning: A Practical Guide to Fallacy-Free Arguments*, Cengage Learning, 2008.

Eugen Zechmeister and James Johnson, *Critical Thinking: A Functional Approach*, A Division of International Thompson Publishing, 1992.［E.B. ゼックミスタ／ J.E. ジョンソン（宮元博章／道田泰司／谷口高士／菊池聡訳）『クリティカルシンキング 実践篇』北大路書房、1997 年。］

高橋昌一郎『自己分析論』光文社（光文社新書）、2020 年。

## 逻辑学视角13　蒙面人谬误

Robert Audi, *The Cambridge Dictionary of Philosophy*, Cambridge University Press, 1999.

Diogenis Laertii, *Vitae Philosophorum*, 2 vols., edited by Herbert Long, Oxford University Press, 1964.［ディオゲネス・ラエルティオス（加来彰俊訳）『ギリシア哲学者列伝・上』岩波書店、1984 年。］［第欧根尼・拉尔修斯（著），徐开来（译）:《哲人言行录》，广西师范大学出版社，2010 年。］

Bowell Tracy and Kemp Gary, *Critical Thinking: A Concise Guide*, Routledge, 2015.

山本光雄 / 戸塚七郎（訳編）『後期ギリシア哲学者資料集』岩波書店、1985 年。

## 逻辑学视角14　合取谬误

Daniel Kahneman and Amos Tversky, "Subjective Probability: A Judgment of Representativeness", *Cognitive Psychology*: 3, 430-454, 1972.

Amos Tversky and Daniel Kahneman, "Extensional versus Intuitive Reasoning: The Conjunction Fallacy in Probability Judgement", *Psychological Review*: 90, 293-315, 1983.

御領謙 / 菊地正 / 江草浩幸 / 伊集院睦雄 / 服部雅史 / 井関龍太『最新　認知心理学への招待 改訂版』サイエンス社、2016 年。

高橋昌一郎（監修）・三澤龍志「みがこう！論理的思考力」『Newton』ニュートンプレス、pp.112-115、2020 年 10 月号。

服部雅史 / 小島治幸 / 北神慎司『基礎から学ぶ認知心理学：人間の認識の不思議』有斐閣（有斐閣ストゥディア）、2015 年。

## 逻辑学视角15　否定前件

Edward Damer, *Attacking Faulty Reasoning: A Practical Guide to Fallacy-Free Arguments*, Cengage Learning, 2008.

Michael Geis and Arnold Zwicky, "On Invited Inferences", *Linguistic Inquiry*: 2, 561-566, 1971.

Anthony Weston, *A Rulebook for Arguments*, Hackett Publishing Company, 2018.［アンソニー・ウェストン（古草秀子訳）『論証のルールブック』筑摩書房（ちくま学芸文庫）、2019 年。］［安东尼・韦斯顿（著），卿松竹（译）:《论证是一门学问：如何让你的观点有说服力》，新华出版社，2011 年。］

伊勢田哲治『哲学思考トレーニング』筑摩書房（ちくま新書）、2005 年。

坂原茂『日常言語の推論』東京大学出版会、1985 年。

## 逻辑学视角16　肯定后件

Edward Damer, *Attacking Faulty Reasoning: A Practical Guide to Fallacy-Free*

*Arguments*, Cengage Learning, 2008.

Bowell Tracy and Kemp Gary, *Critical Thinking: A Concise Guide*, Routledge, 2015.

Eugen Zechmeister and James Johnson, *Critical Thinking: A Functional Approach*, A Division of International Thompson Publishing, 1992.［E.B. ゼックミスタ / J.E. ジョンソン（宮元博章 / 道田泰司 / 谷口高士 / 菊池聡訳）『クリティカルシンキング実践篇』北大路書房、1997 年。］

坂原茂『日常言語の推論』東京大学出版会、1985 年。

高橋昌一郎『東大生の論理』筑摩書房（ちくま新書）、2010 年。

## 逻辑学视角17　四项谬误

Robert Audi, *The Cambridge Dictionary of Philosophy*, Cambridge University Press, 1999.

Max Black, *Critical Thinking*, Prentice-Hall, 1980.

Edward Damer, *Attacking Faulty Reasoning: A Practical Guide to Fallacy-Free Arguments*, Cengage Learning, 2008.

坂本百大 / 坂井秀寿『新版：現代論理学』東海大学出版会、1971 年。

高橋昌一郎（監修）・三澤龍志「みがこう！ 論理的思考力」『Newton』ニュートンプレス、pp.112-115、2020 年 11 月号。

## 逻辑学视角18　信念偏见

John Anderson, *Cognitive Psychology and Its Implications*, W. H. Freeman and Company, 1980.［J.R. アンダーソン（富田達彦 / 増井透 / 川崎恵里子 / 岸学訳）『認知心理学概論』誠信書房、1982 年。］［约翰・安德森（著），秦裕林（译）：《认知心理学及其启示》，人民邮电出版社，2012 年。］

Jonathan Evans, Julie Barston and Paul Pollard, "On the Conflict between Logic and Belief in Syllogistic Reasoning", *Memory & Cognition*: 11(3), 295-306, 1983.

市川伸一（編）『認知心理学 4：思考』東京大学出版会、1996 年。

戸田山和久『論理学をつくる』名古屋大学出版会、2000 年。

中島秀之 / 高野陽太郎 / 伊藤正男『思考』岩波書店、1994 年。

## 逻辑学视角19　信念保守主义

John Anderson, *Cognitive Psychology and Its Implications*, W. H. Freeman and Company, 1980.［J.R. アンダーソン（富田達彦 / 増井透 / 川崎恵里子 / 岸学訳）『認知心理学概論』誠信書房、1982 年。］［约翰・安德森（著），秦裕林（译）：《认知心理学及其启示》，人民邮电出版社，2012 年。］

Ward Edwards, "Conservatism in Human Information Processing", in *Judgment under Uncertainty: Heuristics and Biases*, edited by Daniel Kahneman, Paul Slovic and Amos Tversky, Cambridge University Press, 1968.

高橋昌一郎『感性の限界』講談社（講談社現代新書）、2012 年。

中島秀之／高野陽太郎／伊藤正男『思考』岩波書店、1994 年。

## 逻辑学视角20　常识推理

Ernest Davis and Gary Marcus, "Commonsense Reasoning and Commonsense Knowledge in Artifi cial Intelligence", *Communications of the ACM*: 9, 92–103, 2015.

Raymond Reiter, "A Logic for Default Reasoning", *Artificial Intelligence*: 13(1– 2), 81-132, 1980.

久木田水生／神崎宣次／佐々木拓『ロボットからの倫理学入門』名古屋大学出版会、2017 年。

高橋昌一郎『知性の限界』講談社（講談社現代新書）、2010 年。

森悠貴『状況付けられたエージェントの推論活動－アブダクションと常識推論をめぐって－』新進研究者 Research Note、第 1 号、2018 年。

# 第二部分　认知科学视角的认知偏差

## 认知科学视角21　米勒–莱尔错觉

Donald Hoffman, *The Case Against Reality: How Evolution Hid the Truth from Our Eyes*, Allen Lane, 2019.［ドナルド・ s ホフマン（高橋洋訳）『世界はありのままに見ることができない――なぜ進化は私たちを真実から遠ざけたのか』青土社、2020 年］

Franz Müller-Lyer, "Optische Urteilstauschungen", Archiv fur Anatomie und Physiologie, Physiologische Abteilung: 2, 263-270, 1889.

Jaeho Shim, John van der Kamp, Brandon Rigby, Rafer Lutz, Jamie Poolton and Richard Masters, "Taking Aim at the Müller-Lyer Goalkeeper Illusion: An Illusion Bias in Action that Originates from the Target not being Optically Specified", *Journal of Experimental Psychology: Human Perception and Performance*: 40 (3), 1274-1281, 2014.

下條信輔『〈意識〉とは何だろうか：脳の来歴、知覚の錯誤』講談社（講談社現代新書）、1999 年。

高橋昌一郎『知性の限界』講談社（講談社現代新書）、2010 年。

## 认知科学视角22　鸭兔图

Kyle Mathewson, "Duck Eats Rabbit: Exactly Which Type of Relational Phrase can Disambiguate the Perception of Identical Side by Side Ambiguous Figures?" *Perception*: 47(4), 466-469, 2018.

Peter Brugger and Susanne Brugger, "The Easter Bunny in October: Is It Disguised as a Duck?" *Perceptual and Motor Skills*: 76(2), 577-578, 1993.

道又爾 / 北崎充晃 / 大久保街亜 / 今井久登 / 山川恵子 / 黒沢学『認知心理学：知のアーキテクチャを探る［新版］』有斐閣（有斐閣アルマ）、2011 年。

高橋昌一郎『知性の限界』講談社（現代新書）、2010 年。

## 认知科学视角23　橡胶手错觉

Matthew Botvinick and Jonathan Cohen, "Rubber Hands 'Feel' Touch That Eyes See", *Nature*: 391(6669), 756, 1998.

Henrik Ehrsson, Katja Wiech, Nikolaus Weiskopf, Raymond Dolan and Richard Passingham, "Threatening a Rubber Hand That You Feel is Yours Elicits a Cortical Anxiety Response", *Proceedings of the National Academy of Sciences of the United States of America*: 104(23), 9828-9833, 2007.

高橋昌一郎『自己分析論』光文社（光文社新書）、2020 年。

服部雅史 / 小島治幸 / 北神慎司『基礎から学ぶ認知心理学：人間の認識の不思議』有斐閣（有斐閣ストゥディア）、2015 年。

## 认知科学视角24　麦格克效应

Satoko Hisanaga, Kaoru Sekiyama, Tomoko Igasaki and Nobuki Murayama, "Language/Culture Modulates Brain and Gaze Processes in Audiovisual Speech Perception", *Scientific Reports*: 6, 35265, 2016.

Harry McGurk and John MacDonald, "Hearing Lips and Seeing Voices", *Nature*: 264 (5588), 746-748, 1976.

Tom Stafford and Matt Webb, *Mind Hacks: Tips & Tricks for Using Your Brain*, O'Reilly Media, 2004.［Tom Stafford，Matt Webb（夏目大訳）『Mind Hacks：実験で知る脳と心のシステム』、オライリージャパン、2005 年。］［汤姆・斯塔福德、马特・韦布（著），陈能顺（译）：《潜入大脑》，机械工业出版社，2021 年。］

道又爾 / 北崎充晃 / 大久保街亜 / 今井久登 / 山川恵子 / 黒沢学『認知心理学：知のアーキテクチャを探る』有斐閣（有斐閣アルマ）、2011 年。

高橋昌一郎『感性の限界』講談社（講談社現代新書）、2012 年。

## 认知科学视角25　潜意识效应

Robert Bornstein, "Exposure and Affect: Overview and Meta-Analysis of Research, 1968-1987", *Psychological Bulletin*: 106, 265-289, 1989.

William Kunst-Wilson and Robert Zajonc, "Affective Discrimination of Stimuli that cannot be Recognized", *Science*: 207, 557-558, 1980.

鈴木光太郎『オオカミ少女はいなかった：心理学の神話をめぐる冒険』新曜社、2008 年。

山田歩、日本認知科学会（監修）『選択と誘導の認知科学』新曜社、2019 年。

## 认知科学视角26　吊桥效应

Donald Dutton and Arthur Aron, "Some Evidence for Heightened Sexual Attraction under Conditions of High Anxiety", *Journal of Personality and Social Psychology*: 30(4), 510-517, 1974.

Stanley Schachter and Jerome Singer, "Cognitive, Social, and Physiological Determinants of Emotional State", *Psychological Review*: 69, 379-399, 1962.

Michael Storms and Richard Nisbett, "Insomnia and the Attribution Process", *Journal of Personality and Social Psychology*: 16(2), 319-328, 1970.

下條信輔『サブリミナル・マインド：潜在的人間観のゆくえ』中央公論社（中公新書）、1996 年。

下條信輔『サブリミナル・インパクト：情動と潜在認知の現在』筑摩書房（ちくま新書）、2008 年。

高橋昌一郎『愛の論理学』KADOKAWA（角川新書）、2018 年。

## 认知科学视角27　认知失调

Daryl Bem, "Self-Perception: An Alternative Interpretation of Cognitive Dissonance Phenomena", *Psychological Review*: 74(3), 183-200, 1967.

高橋昌一郎『感性の限界』講談社（講談社現代新書）、2012 年。

無藤隆／森敏昭／遠藤由美／玉瀬耕治『心理学』有斐閣、2004 年。

## 认知科学视角28　情绪一致性效应

Gordon Bower, "Mood and Memory", *American Psychologist*: 36, 129-148, 1981.

Gordon Bower, Stephen Gilligan and Kenneth Monteiro, "Selectivity of Learning Caused by Affective States", *Journal of Experimental Psychology*: General: 110(4), 451-473, 1981.

大平英樹『感情心理学・入門』有斐閣（有斐閣アルマ）、2010 年。

太田信大／多鹿秀継（編著）『記憶研究の最前線』北大路書房、2000 年。

## 认知科学视角29　似曾相识

Alan Brown, "A Review of the Déjà Vu Experience", *Psychological Bulletin*: 129 (3), 394-413, 2003.

Edward Titchener, *A Text Book of Psychology*, Macmillan, 1928.

大石和男・安川通雄・濁川孝志・飯田史彦『大学生における生きがい感と死生観の関係：PIL テストと死生観の関連性』健康心理学研究、20(2)、1-9、2007 年。

楠見孝『デジャビュ（既視感）現象を支える類推的想起』日本認知科学会第 11 回大会発表論文集、98-99、1994 年。

楠見孝『メタファーとデジャビュ（特集 メタファー……古くて新しい認知パラダイムを探る）』言語、31(8)、32-37、2002-07 年。

## 认知科学视角30　舌尖现象

Roger Brown and David McNeill, "The 'Tip of the Tongue' Phenomenon", *Journal of Verbal Learning & Verbal Behavior*: 5(4), 325–337, 1966.

Gregory Jones, "Analyzing Memory Blocks", edited by Michael Gruneberg, Peter Morris and Robert Sykes, *Practical aspects of memory: Current research and issues*, Wiley, 1988.

Bennett Schwartz, "Sparkling at the End of the Tongue: The etiology of tip-of-the-tongue phenomenology", *Psychonomic Bulletin & Review*: 6, 379–393, 1999.

高橋昌一郎『反オカルト論』光文社（光文社新書）、2016 年。

服部雅史／小島治幸／北神慎司『基礎から学ぶ認知心理学：人間の認識の不思議』有斐閣（有斐閣ストゥディア）、2015 年。

## 认知科学视角31　虚假记忆

Elizabeth Loftus and Jacqueline Pickrell, "The Formation of False Memories", *Psychiatric Annals*: 25, 720-725, 1995.

Elizabeth Loftus, *Eyewitness Testimony*, Harvard University Press, 1979.［E.F. ロフタス（西本武彦訳）『目撃者の証言』誠信書房、1987 年。］

太田信夫編『記憶の心理学と現代社会』有斐閣、2006 年。

太田信夫／多鹿秀継（編著）『記憶研究の最前線』北大路書房、2000 年 。

下條信輔『〈意識〉とは何だろうか―脳の来歴、知覚の錯誤』講談社（講談社現代新書）、1999 年。

## 认知科学视角32　睡眠者效应

太田信夫／多鹿秀継（編著）『記憶研究の最前線』北大路書房、2000 年。

高橋昌一郎『反オカルト論』光文社（光文社新書）、2016 年。

## 认知科学视角33  心理定势

Benjamin Baird, Jonathan Smallwood, Michael Mrazek, Julia Kam, Michael Franklin and Jonathan Schooler, "Inspired by Distraction: Mind Wandering Facilitates Creative Incubation", *Psychological Science*: 23(10), 1117-1122, 2012.

Graham Wallas, *The Art of Thought*, Harcourt, Brace & Co., 1926.

安西祐一郎『問題解決の心理学：人間の時代への発想』中央公論社（中公新書）、1985 年。

道又爾／北崎充晃／大久保街亜／今井久登／山川恵子／黒沢学『認知心理学：知のアーキテクチャを探る［新版］』有斐閣（有斐閣アルマ）、2011 年。

## 认知科学视角34  功能固着

Karl Duncker, "On Problem-Solving", translated by Lynne Lees, *Psychological Monographs*: 58(5), i-113, 1945.

Carl Frey and Michael Osborne, "The Future of Employment: How Susceptible are Jobs to Computerisation?"〈 https://www.oxfordmartin.ox.ac.uk/downloads/academic/The_Future_of_Employment.pdf〉Sep. 17, 2013.

Joy Guilford, *The Nature of Human Intelligence*, McGraw-Hill, 1967.

安西祐一郎『問題解決の心理学：人間の時代への発想』中央公論社（中公新書）、1985 年。

道又爾／北崎充晃／大久保街亜／今井久登／山川恵子・黒沢学『認知心理学：知のアーキテクチャを探る［新版］』有斐閣（有斐閣アルマ）、2011 年。

## 认知科学视角35  选择性注意

Colin Cherry, "Some Experiments on the Recognition of Speech, with One and with Two Ears", *Journal of the Acoustical Society of America*: 25, 975–979, 1953.

Daniel Simons and Daniel Levin, "Failure to Detect Changes to People During a Real- World Interaction", *Psychonomic Bulletin and Review*: 5, 644-649, 1998.

Daniel Simons and Christopher Chabris, "Gorillas in Our Midst: Sustained Inattentional Blindness for Dynamic Events", *Perception*: 28, 1059-1074, 1999.

道又爾／北崎充晃／大久保街亜／今井久登／山川恵子／黒沢学『認知心理学：知のアーキテクチャを探る［新版］』有斐閣（有斐閣アルマ）、2011 年。

## 认知科学视角36  注意瞬脱

Donald Broadbent and Margaret Broadbent, "From Detection to Identification: Response to Multiple Targets in Rapid Serial Visual Presentation", *Perception & Psychophysics*: 42, 105-113, 1987.

河原純一郎『注意の瞬き』心理学評論、46(3)、501-526、2003 年。

服部雅史 / 小島治幸 / 北神慎司『基礎から学ぶ認知心理学：人間の認識の不思議』有斐閣（有斐閣ストゥディア）、2015 年。

三浦利章 / 篠原一光『注意の心理学から見たカーナビゲーションの問題点』国際交通安全学会誌、26(4)、pp.259-267、2001 年。

森本文人 / 八木昭宏『注意の瞬き現象のメカニズム』関西学院大学「人文論究」、60(2)、pp.25-38、2010 年。

## 认知科学视角37　聪明汉斯效应

Oskar Pfungst, *Das Pferd der Herrn von Osten (Der Kluge Hans): Ein Beitrag Zur Experimentellen Tier-Und Menschen Psychologie*, Barth, 1907.［オスカル・プフングスト（秦和子訳）『ウマはなぜ「計算」できたのか』現代人文社、2007 年。］

Robert Rosenthal and Lenore Jacobson, "Pygmalion in the Classroom", *The Urban Review*: 3, pp.16-20, 1968.

高橋昌一郎『反オカルト論』光文社（光文社新書）、2016 年。

## 认知科学视角38　确认偏见

Peter Wason, "Reasoning", edited by Brain Foss, *New Horizons in Psychology*: 1, Penguin Books, 1966.

内村直之 / 植田一博 / 今井むつみ / 川合伸幸 / 嶋田総太郎 / 橋田浩一『はじめての認知科学』新曜社、2016 年。

高橋昌一郎『知性の限界』講談社（講談社現代新書）、2010 年。

## 认知科学视角39　迷信行为

Burrhus Skinner, "'Superstition' in the Pigeon", *Journal of Experimental Psychology*: 38(2), 168-1721, 1948.

Stuart Vyse, *Believing in Magic: The Psychology of Superstition*, Oxford University Press, 1997.［スチュアート・A. ヴァイス（藤井留美訳）『人はなぜ迷信を信じるのか：思いこみの心理学』朝日新聞社、1999 年。］

安西祐一郎『問題解決の心理学：人間の時代への発想』中央公論社（中公新書）、1985 年。

篠原彰一『学習心理学への招待：学習・記憶のしくみを探る』サイエンス社、1998 年。

高橋昌一郎『反オカルト論』光文社（光文社新書）、2016 年。

### 认知科学视角40　伪相关

Darrell Huff, *How to Lie With Statistics*, illustrated by Irving Geis, W. W. Norton & Company, 1954. ［ダレル・ハフ（高木秀玄訳）『統計でウソをつく法：数式を使わない統計学入門』講談社（ブルーバックス）、1968 年。］［达莱尔・哈夫（著），廖颖林（译）：《统计陷阱：不使用公式的统计学入门》，上海财经大学出版社，2002 年。］

Leonard Mlodinow, *The Drunkard's Walk: How Randomness Rules Our Lives*, Vintage Books, 2008. ［レナード・ムロディナウ（田中三彦訳）『たまたま：日常に潜む「偶然」を科学する』ダイヤモンド社、2009 年。］［伦纳德・姆沃迪瑙（著），郭斯羽（译）：《醉汉的脚步：随机性如何主宰我们的生活》，中信出版社，2020 年。］

安西祐一郎『問題解決の心理学：人間の時代への発想』中央公論社（中公新書）、1985 年。

## 第三部分　社会心理学视角的认知偏差

### 社会心理学视角41　纯粹接触效应

Robert Zajonc, "Attitudinal Effects of Mere Exposure", *Journal of Personality and Social Psychology*: 9, 1-27, 1968.

Richard Moreland and Scott Beach, "Exposure Effects in the Classroom: The Development of Affinity among Students", *Journal of Experimental Social Psychology*: 28, 255-276, 1992.

Daniel Perlman and Stuart Oskamp, "The Effects of Picture Content and Exposure Frequency on Evaluations of Negroes and Whites", *Journal of Experimental Social Psychology*: 7, 503-514, 1971.

二宮克美／子安増生（編）『キーワードコレクション：社会心理学』新曜社、2011 年。

高橋昌一郎『愛の論理学』KADOKAWA（角川新書）、2018 年。

### 社会心理学视角42　同理心差距

Loran Nordgren, Mary-Hunter McDonnell and George Loewenstein, "What Constitutes Torture? Psychological Impediments to an Objective Evaluation of Enhanced Interrogation Tactics", *Psychological Science*: 22, 689-694, 2011.

Michael Sayette, George Loewenstein, Kasey Griffin and Jessica Black, "Exploring the Cold-to-Hot Empathy Gap in Smokers", *Association for Psychological Science*, 19,

926-932, 2008.

Timothy Wilson and Daniel Gilbert, "Affective Forecasting", *Advances in Experimental Social Psychology*: 35, 345-411, Academic Press, 2003.

安西祐一郎／今井むつみ他（編）『岩波講座コミュニケーションの認知科学2：共感』岩波書店、2014年。

越智啓太『恋愛の科学』実務教育出版、2105年。

## 社会心理学视角43　光环效应

Elliot Aronson and Darwyn Linder, "Gain and Loss of Esteem as Determinants of Interpersonal Attractiveness", *Journal of Experimental Social Psychology*: 1, 156-171, 1965.

David Landy and Harold Sigall, "Beauty is Talent: Task Evaluation as a Function of the Performer's Physical Attractiveness", *Journal of Personality and Social Psychology*, 29, 299-304, 1974.

Phil Rosenzweig, *The halo effect*, Simon and Schuster, 2007.［フィル・ローゼンツワイグ（桃井緑美子訳）『なぜビジネス書は間違うのか：ハロー効果という妄想』日経BP社、2008年。］［费尔・罗森维（著），李丹丹（译）：《光环效应：商业认知思维的九大陷阱》，中信出版社，2020年。］

Edward Thorndike, "A Constant Error in Psychological Ratings", *Journal of Applied Psychology*: 4(1), 25-29, 1920.

## 社会心理学视角44　巴纳姆效应

Hans Eysenck and David Nias, *Astrology: Science or Superstition*? Temple Smith, 1982.［H.J. アイゼンク／D.K.B. ナイアス（岩脇三良・浅川潔司共訳）『占星術：科学か迷信か』誠信書房、1986年。］

Paul Meehl, "Wanted—A Good Cookbook", *American Psychologist*: 11, 263–272, 1956.

高橋昌一郎『反オカルト論』光文社（光文社新書）、2016年。

## 社会心理学视角45　刻板印象

Claudia Cohen, "Person Categories and Social Perception: Testing Some Boundaries of the Processing Effects of Prior Knowledge", *Journal of Personality and social Psychology*: 40, 441-452, 1981.

David Hamilton, *Cognitive Processes in Stereotyping and Intergroup Behavior*, Psychology Press, 2017.

David Hamilton and Robert Gifford, "Illusory Correlation in Interpersonal

Perception: A Cognitive Basis of Stereotypic Judgements", *Journal of Experimental Social Psychology*: 12, 392-407, 1976.

上村晃弘 / サトウタツヤ『疑似性格理論としての血液型性格関連説の多様性』パーソナリティ研究 :15（1）、pp.33-47、2006 年。

日本赤十字社　東京都赤十字血液センター、8 月号『ABO 式血液型』〈 https://www.bs.jrc.or.jp/ktks/tokyo/special/m6_02_01_01_01_detail1.html 〉2020/09/06 参照。

## 社会心理学视角46　道德许可效应

Benoît Monin and Dale Miller, "Moral Credentials and the Expression of Prejudice", *Journal of Personality and Social Psychology*: 81(1), 33-43, 2001.

John List and Fatemeh Momeni, "When Corporate Social Responsibility Backfires: Theory and Evidence from a Natural Field Experiment", *National Bureau of Economic Research*, No. 24169, 2017.

有光興記 / 藤澤文（編著）『モラルの心理学：理論・研究・道徳教育の実践』北大路書房、2015 年。

高橋昌一郎『反オカルト論』光文社（光文社新書）、2016 年。

## 社会心理学视角47　基本归因错误

Edward Jones and Victor Harris, "The Attribution of Attitudes", *Journal of Experimental Social Psychology*: 3, 2-24, 1967.

Edward Jones and Richard Nisbett, *The Actor and the Observer: Divergent Perceptions of the Causes of Behavior*, General Learning Press, 1972.

David Myers, *Social Psychology*, McGraw-Hill, 1987.

Lee Ross, *The Intuitive Psychologist and Its Shortcomings: Distortions in the Attribution Process, Advances in experimental social psychology*, edited by Leonard Berkowitz, Academic Press, 174-221, 1977.

吉田寿夫『人についての思い込み I 』北大路書房、2002 年。

## 社会心理学视角48　内群体偏见

Henri Tajfel, Michael Billig, Roert Bundy and Claude Flament, "Social Categorization and Intergroup Behavior", *European journal of Social Psychology*: 1, 149-178, 1971.

Muzafer Sherif, O.J.Harvey , Jack White, William Hood and Carolyn Sherif, *The Robbers Cave Experiment: Intergroup Conflict and Cooperation*, Wesleyan University Press, 1988.

安藤香織／杉浦淳吉（編著）『暮らしの中の社会心理学』ナカニシヤ出版、2012年。

亀田達也／村田光二『複雑さに挑む社会心理学：適応エージェントとしての人間』有斐閣（有斐閣アルマ）、2000年。

高橋昌一郎『感性の限界』講談社（講談社現代新書）、2012年。

## 社会心理学视角49　终极归因错误

Thomas Pettigrew, "The Ultimate Attribution Error: Extending Allport's Cognitive Analysis of Prejudice", *Personality and Social Psychology Bulletin*: 5, 461-476, 1979.

Henri Tajfel and John Turner, *An Integrative Theory of Intergroup Conflict,The Social psychology of intergroup relations*, edited by William Austin and Stephen Worchel, Brooks Cole, 33-47, 1979.

村田光二『韓日W杯サッカー大会における日本人大学生の韓国人、日本人イメージの変化と自己奉仕的帰属』日本グループ・ダイナミックス学会第50回大会発表論文集、122-123、2003年。

## 社会心理学视角50　自我防御性归因假设

Kelly Shaver, "Defensive Attribution: Effect of Severity and Relevance on the Responsibility Assigned for an Accident", *Journal of Personality and social Psychology*:14, 101-113, 1970.

Elaine Walster, "Assignment of Responsibility for an Accident", *Journal of Personality and Social Psychology*: 3, 73-79, 1966.

株式会社エアトリ『児童虐待に対する現在の刑罰、6割以上が「軽すぎる」』〈 https://dime.jp/genre/842025/ 〉2020年12月23日閲覧。

警察庁『令和元年版犯罪白書：平成の刑事政策』〈 http://hakusyo1.moj.go.jp/jp/66/nfm/mokuji.html 〉2019年。

## 社会心理学视角51　心理抗拒

Jack Brehm, *A Theory of Psychological Reactance*, Academic Press, 1966.

Daniel Kahneman and Amos Tversky, "Prospect Theory: an Analysis of Decision Under Risk", *Econometrica*: 47, 263-291, 1979.

Stephen Worchel, Jerry Lee and Akanbi Adewole, "Effects of Supply and Demand on Ratings of Object Value", *Journal of Personality and Social psychology*: 37, 811-821, 1973.

深田博己（編著）『説得心理学ハンドブック』北大路書房、2002年。

## 社会心理学视角52 安于现状偏差

Daniel Kahneman, *Thinking, Fast and Slow*, Farrar, Straus and Giroux, 2011.［ダニエル・カーネマン（村井章子訳）『ファスト＆スロー：あなたの意思はどのように決まるか？』早川書房、2012 年。］［丹尼尔・卡尼曼（著），胡晓姣、李爱民、何梦莹（译）：《思考：快与慢》，中信出版社，2012 年。］

Daniel Kahneman, Jack Knetsch and Richard Thaler, "Experimental Tests of the Endowment Effect and the Coase Theorem", *Journal of Political Economy*: 98(6), 1325–1348, 1990.

Daniel Kahneman and Amos Tversky, "Prospect Theory: an Analysis of Decision Under Risk", *Econometrica*: 47, 263-291, 1979.

Nathan Novemsky and Daniel Kahneman, "The Boundaries of Loss Aversion", *Journal of Marketing Research*: XLII, 119–128, 2005.

William Samuelson and Richard Zeckhauser, "Status Quo Bias in Decision Making", *Journal of Risk and Uncertainty*: 1, 7-59, 1988.

## 社会心理学视角53 公正世界假设

Melvin Lerner and Carolyn Simmons, "Observer's Reaction to the 'Innocent Victim': Compassion or Rejection?", *Journal of Personality and Social Psychology*: 4(2), 203–210,1966.

Eugene Zechmeister and James Johnson, *Critical Thinking A Functional Approach*, International Thompson Publishing, 1992.［E.B. ゼックミスタ / J.E. ジョンソン（宮元博章 / 道田泰司 / 谷口高士 / 菊池聡訳）『クリティカルシンキング　入門篇』北大路書房、1996 年。］

## 社会心理学视角54 系统导向偏差

John Jost and Mahzarin Banaji, "The Role of Stereotyping in System-Justification and the Production of False Consciousness", *British Journal of Social Psychology*: 33, 1-27, 1994.

沼崎城 / 石井伺雄『日本の犯罪状況の悪化情報が現システムの正当性認知に及ぼす効果』日本心理学会第 73 回大会発表論文集 116、2009 年。

## 社会心理学视角55 啦啦队效应

George Alvarez, "Representing Multiple Objects as an Ensemble Enhances Visual Cognition", *Trends in Cognitive Sciences*: 15, 122–131, 2011.

Agneta Herlitz and Johanna Lovén, "Sex Differences and the Own-Gender Bias in Face Recognition: A Meta-Analytic Review", *Visual Cognition*: 21, 9-10, 2013.

Drew Walker and Edward Vul, "Hierarchical Encoding Makes Individuals in a Group Seem More Attractive", *Psychological Science*: 25, 230–235, 2014.

服部友里／渡邊伸行／鈴木敦命『魅力度の類似した顔のグループに対するチアリーダー効果：観察者の性別と顔の性別の影響』基礎心理学研究：38(1)、pp.13–25、2019 年 9 月。

## 社会心理学视角56　可识别受害者效应

Dan Ariely, *The Upside of Irrationality: The Unexpected Benefits of Defying Logic at Work and at Home*, Harper Collins, 2010. ［ダン・アリエリー（櫻井祐子訳）『不合理だからうまくいく：行動経済学で「人を動かす」』早川書房、2014 年。］［丹・艾瑞里（著），赵德亮（译）：《怪诞行为学 2：非理性的积极力量》，中信出版社，2010 年。］

Deborah Small, George Loewenstein and Paul Slovic, "Sympathy and Callousness: The Impact of Deliberative Thought on Donations to Identifiable and Statistical Victims", *Organizational Behavior and Human Decision Processes*: 102, 143–153, 2007.

## 社会心理学视角57　一致性偏差

Vernon Allen, "Social Support for Noncon Formity", In Leonard Berkowitz (Ed.), *Advances in experimental social psychology*, Academic Press: 8, 1-43, 1975.

Solomon Asch, Effects of Group Pressure upon the Modification and Distortion of Judgments, Group Leadership, and Men, edited by Harold Guetzkow, Carnegie Press, 1951.

Solomon Asch, "Opinions and Social Pressure", *Scientific American*: 193, 31-35, 1955.

JCAST ニュース『緊急地震速報にミッキーも頭守って ... TDR の「対応力すごい」と話題に』〈https://www.j-cast.com/2020/07/30391175.html?p=all〉2020 年 7 月 30 日。

本間道子『集団行動の心理学：ダイナミックな社会関係のなかで』サイエンス社、2011 年。

## 社会心理学视角58　从众效应

Elisabeth Noelle-Neumann, *The Spiral of Silence*, 1993. ［E. ノエル＝ノイマン（池田謙一・安野智子訳）『沈黙の螺旋理論：世論形成過程の社会心理学』北大路書房、2013 年。］［伊丽莎白・诺尔 - 诺伊曼（著），董璐（译）：《沉默的螺旋》，北京大学出版社，2013 年。］

Elisabeth Noelle-Neumann and Thomas Petersen, *The Spiral of Silence and the Social Nature of Man, Handbook of Political Communication Research*, edited by Lynda Kaid, Lawrence Erlbaum Associates, 2004.

Harvey Leibenstein, "Bandwagon, Snob, and Veblen Effects in the Theory of Consumers' Demand", *The Quarterly Journal of Economics*: 64(2), 183-207, 1950.

## 社会心理学视角59　邓宁-克鲁格效应

Justin Kruger and David Dunning, "Unskilled and Unaware of It: How Difficulties in Recognizing One's Own Incompetence Lead to Inflated Self-Assessments", *Journal of Personality and Social Psychology*: 77(6), 1121–1134, 1999.

Katherine Burson, Richard Larrick and Joshua Klayman, "Skilled or Unskilled, But Still Unaware of it: How Perceptions of Difficulty Drive Miscalibration in Relative Comparisons", *Journal of Personality and Social Psychology*: 90 (1), 60–77, 2006.

Robert Levine, *The Power of Persuasion. How We're Bought and Sold*, John Wiley and Sons , 2003.［ロバート・レヴィーン（忠平美幸訳）『あなたもこうしてダマされる』草思社、2006 年。］［罗伯特・莱文（著），姜睿（译）:《说服的力量》，中国计划出版社，2004 年。］

## 社会心理学视角60　知识诅咒

Chip Heath and Dan Heath, *Made to Stick: Why Some Ideas Survive and Others Die*, Random House, 2007.

ABEMA TIMES『「おつりって何？」キャッシュレス化が進む時代に算数の授業で明らかになった子どもたちの "お金の概念"』〈https://times.abema.tv/news-article/8628009〉2020 年 10 月 9 日。

鈴木宏昭『 認知バイアス：心に潜むふしぎな働き』講談社（ブルーバックス）、2020 年。

高橋昌一郎『理性の限界』講談社（講談社現代新書）、2008 年。